KB036781

MENTAL MATHS GAMES FOR CLEVER KIDS
Puzzles and solutions © Gareth Moore
Illustrations and layouts © Buster Books 2019
Korean translation copyright © 2021 Davinch House Co., Ltd.
Korean language edition published in arrangement with Michael O'Mara Books Limited through LENA Agency, Seoul

하루 10분

놀면서 두뇌 천재되는
브레인 스쿨

• 암산수학편 •

하루 10분
놀면서 두뇌 천재되는 브레인 스쿨
•암산수학편•

펴낸날 2021년 2월 20일 1판 1쇄

지은이 개러스 무어
옮긴이 김혜림
펴낸이 김영선
기획 양다은
책임교정 이교숙
경영지원 최은정
디자인 바이텍스트
마케팅 신용천

펴낸곳 (주)다빈치하우스-미디어숲
주소 경기도 고양시 일산서구 고양대로632번길 60, 207호
전화 (02) 323-7234
팩스 (02) 323-0253
홈페이지 www.mfbook.co.kr
이메일 dhhard@naver.com (원고투고)
출판등록번호 제 2-2767호

값 13,800원
ISBN 979-11-5874-093-1

이 도서의 국립중앙도서관 출판예정도서목록(CIP)은 서지정보유통지원시스템 홈페이지(http://seoji.nl.go.kr)와 국가자료공동목록시스템(http://www.nl.go.kr/kolisnet)에서 이용하실 수 있습니다.(CIP제어번호: CIP2020043991)

아이의 숨은 지능 깨우는 집콕놀이북

하루 10분 놀면서 두뇌 천재되는 브레인 스쿨

· 암산수학편 ·

개러스 무어 지음 | 김혜림 옮김

미디어숲

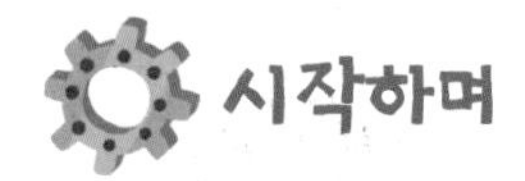

시작하며

숫자로 가득 찬 재미있는 모험을 떠날 준비가 되었나요?

여러분은 메모를 하지 않고도 머릿속에 있는 문제를 모두 풀어야 해요. 바로 암산 수학이라고 하는 것이에요! 뒤에 있는 답을 보며 풀 수도 있지만, 실제로 퍼즐을 푸는 동안에는 아무것도 적어서는 안 돼요.
계산기를 쓰면 되는데 왜 머릿속으로만 문제를 풀어야 하는지 궁금할 거예요. 그건 사실 숫자가 우리 주위에 항상 있기 때문이에요! 시간을 말하고 돈을 쓰는 것과 같은 일상적인 일은 모두 숫자와 관련이 있어요. 그리고 여러분이 메모를 하지 않고 머릿속으로 문제를 잘 풀수록, 일반 수학도 더 잘하게 될 거예요.

모든 페이지의 맨 위에는 처음 퍼즐을 완성할 때 시간이 얼마나 걸렸는지 쓸 수 있는 곳이 있어요. 여러분이 나중에 다시 문제를 푼다면 전보다 얼마나 더 빨리 풀었는지 알 수 있어요.
책의 뒷부분에 필기 노트 몇 개를 만들 수도 있답니다. 그리고 나중에 다시 문제를 풀 수도 있어요. 여러분이 문제를 도저히 풀지 못한다면 책의 뒷부분에 답이 있으니 걱정 마세요.

자, 그럼 행운을 빌어요. 즐겁게 문제를 풀어 보세요!

시간

여러분의 암산 초능력을 연습할 시간이에요. 다음은 모두 다른 구구단표에서 가져온 숫자들인데, 어느 구구단에서 나왔는지 알아내 보세요.

예시를 보세요. ⟶

6	8	10	12

= 2의 구구단

다음 숫자는 어느 구구단에서 나오나요? 빈 공간에 여러분이 생각하는 답을 적으세요.

1)

12	16	20	24

= .... 의 구구단

2)

15	18	21	24

= .... 의 구구단

다음 숫자 피라미드의 네모 칸은 바로 그 아래에 있는 두 네모 칸의 합과 같아요.

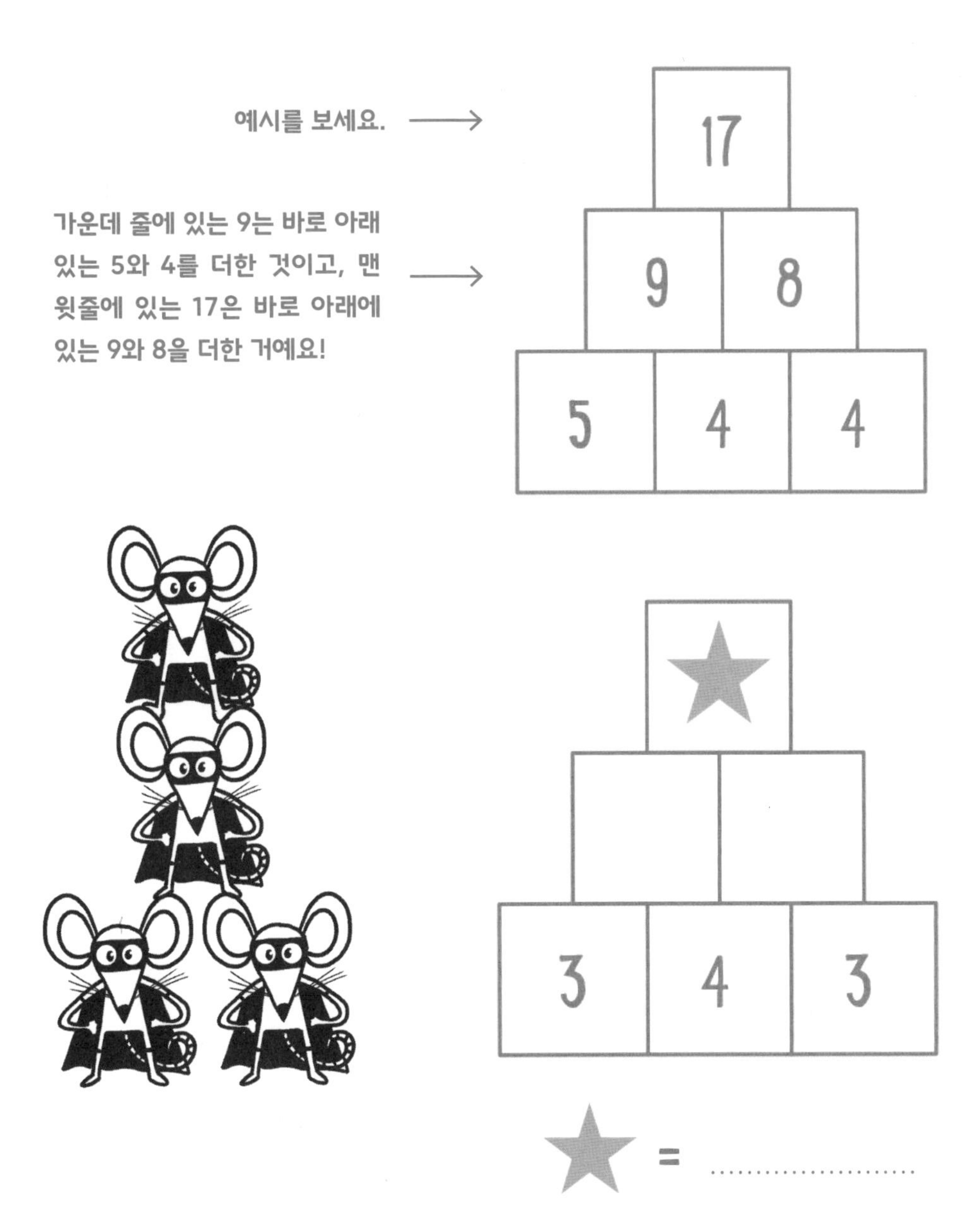

아래의 빈칸에 어떤 숫자가 규칙적으로 와야 할까요? 슈퍼히어로들을 도와 함께 알아내 보세요! 여러분의 초능력을 사용해 계산을 해야 해요. 규칙을 찾는 동안에는 메모를 하지 않고 말이에요. 마지막 칸에 답을 써보세요.

첫 번째는 예시예요. 규칙은 '다음 단계에서 2씩 더하라'이기 때문에, 1, 3, 5, 7, 9, 11 다음으로 오는 마지막 숫자는 13이에요.

예시

시간

2)
36
38
34
32
30
40
시작
3)
시작
3
7
15
19
11
23
4)
70
80
60
50
40
30
시작

재미있는 다트 게임을 해볼까요? 여러분은 아래에 쓰여 있는 숫자가 어떤 수 3개를 더한 것인지 찾아야 해요. 예를 들어, 안쪽 과녁에서 숫자 7, 가운데 과녁에서 숫자 1, 그리고 바깥 과녁에서 숫자 2를 선택해 모두 더하면 10을 만들 수 있어요.

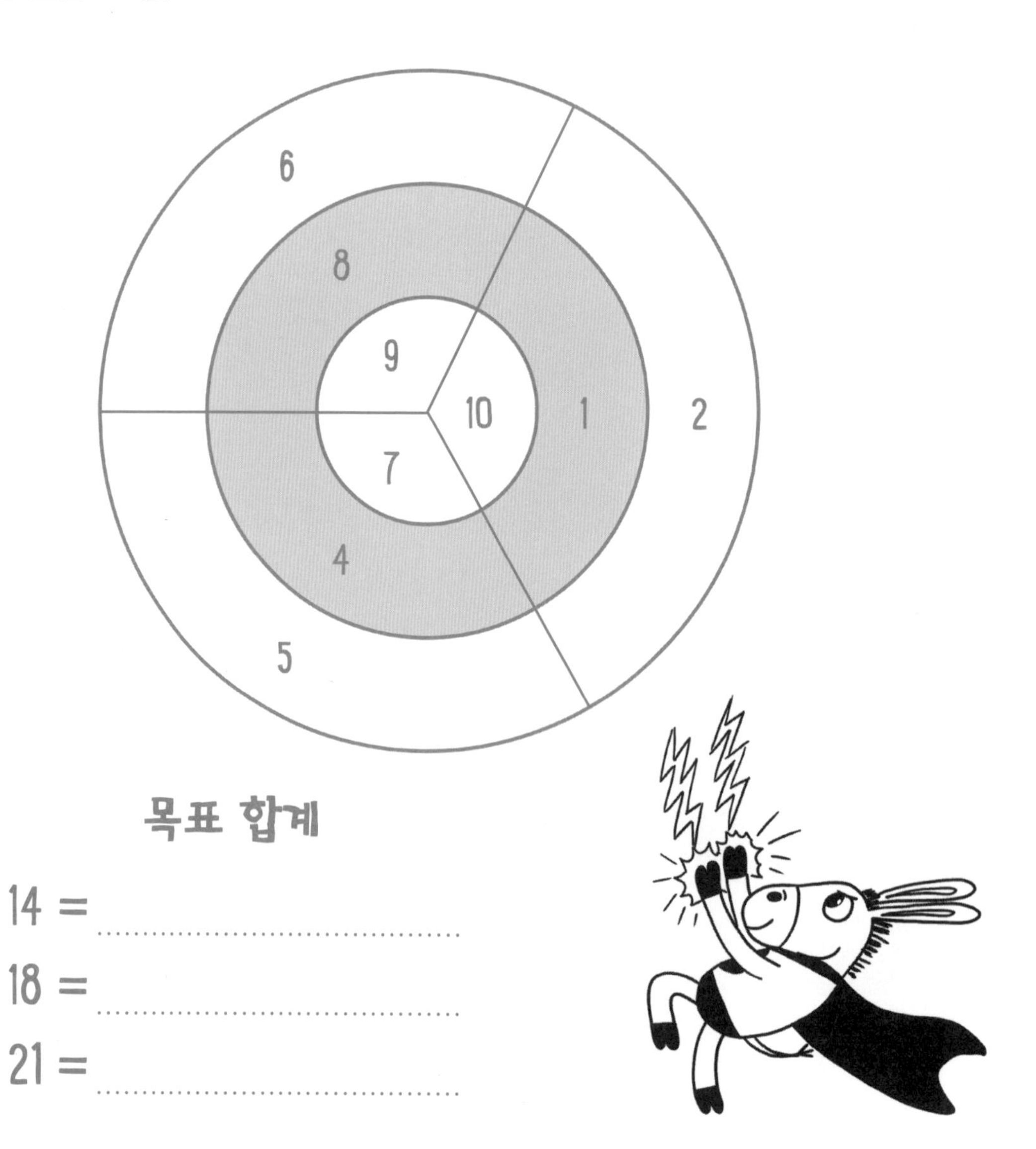

슈퍼히어로들은 과일을 많이 먹어야 초능력을 유지할 수 있어요. 그렇다면 슈퍼히어로들이 먹는 바나나의 점수를 알아내 볼까요? 아래 빈 공간에 여러분이 생각하는 답을 적으세요.

= 30점

= 50점

+  +  = 100점

바나나 한 개 = ... 점

슈퍼히어로가 가면을 사려고 해요. 그런데 가격이 헷갈린다고 하네요! 혹시 여러분이 도와줄 수 있나요? 메모를 하지 않고 값이 가장 싼 것에 동그라미를 그려 보세요. 그리고 가장 비싼 가면에는 네모를 그려 보세요. 할인을 하고 있는 것도 있네요. 퍼즐을 완성하려면 가격을 다시 계산해야 할 거예요!

많은 슈퍼히어로들이 아래 숫자처럼 짝을 지어 일한답니다. 다음 동그라미 속 숫자는 같은 규칙으로 연결되어 한 쌍으로 묶여 있어요. 이 규칙을 기억해 빈 동그라미에 들어갈 숫자를 써보세요.

시간

슈퍼히어로들이 쓸 수 있는 최고의 능력은 바로 '숨는 것'이죠! 이 그림에 숨어 있는 슈퍼히어로 고양이가 몇 마리인지 세어 볼까요? 고양이 한 마리가 아주 잘 숨어 있으니 잘 세어 보아야 해요. 고양이를 찾으면 줄을 긋거나 동그라미를 그리지 말고 머릿속으로 고양이를 계속 따라가 보세요. 고양이가 총 몇 마리인지 외에는 어떤 것도 메모하지 마세요!

고양이는 .... 마리가 있어요.

시간

아래의 퍼즐에서 다음의 계산식과 그에 맞는 정답이 어디에 있는지 찾아보세요. 예를 들어, 아래의 첫 번째 계산의 경우 퍼즐에서 길게 동그라미 표시된 것처럼 '3+5=8'을 찾아야 해요. 두 자릿수 이상의 숫자일 경우 퍼즐에서 두 칸에 걸쳐 적혀 있어요. 어떤 계산은 예시 답처럼 거꾸로 쓰여 있을 수도 있고, 여러분을 헷갈리게 하려고 만든 틀린 답이 있을 수도 있으니 조심하세요!

3 + 5 = 8

4 x 3 = ?

6 + 4 = ?

9 - 2 = ?

1 + 8 = ?

3	1	=	5	=	2	-	9	1	=
1	6	1	=	3	×	4	6	4	=
8	2	1	+	9	4	-	9	0	1
6	2	5	+	4	=	6	+	+	+
×	=	1	=	8	-	4	8	4	3
7	×	=	=	3	=	=	+	+	+
×	0	9	1	3	1	9	5	6	=
×	4	3	×	0	×	=	5	8	6
7	=	2	-	9	8	4	1	5	6
7	9	6	+	4	=	1	0	1	×

숫자 띠를 따라 내려가면서 계산 결과를 알아내 볼까요? 슈퍼히어로 아래에 있는 각 숫자 띠에서 첫 번째 번호부터 화살표 방향으로 차례대로 계산해 보세요. 숫자 띠의 끝에 다다르면 빈 공간에 여러분이 생각하는 답을 적으세요.

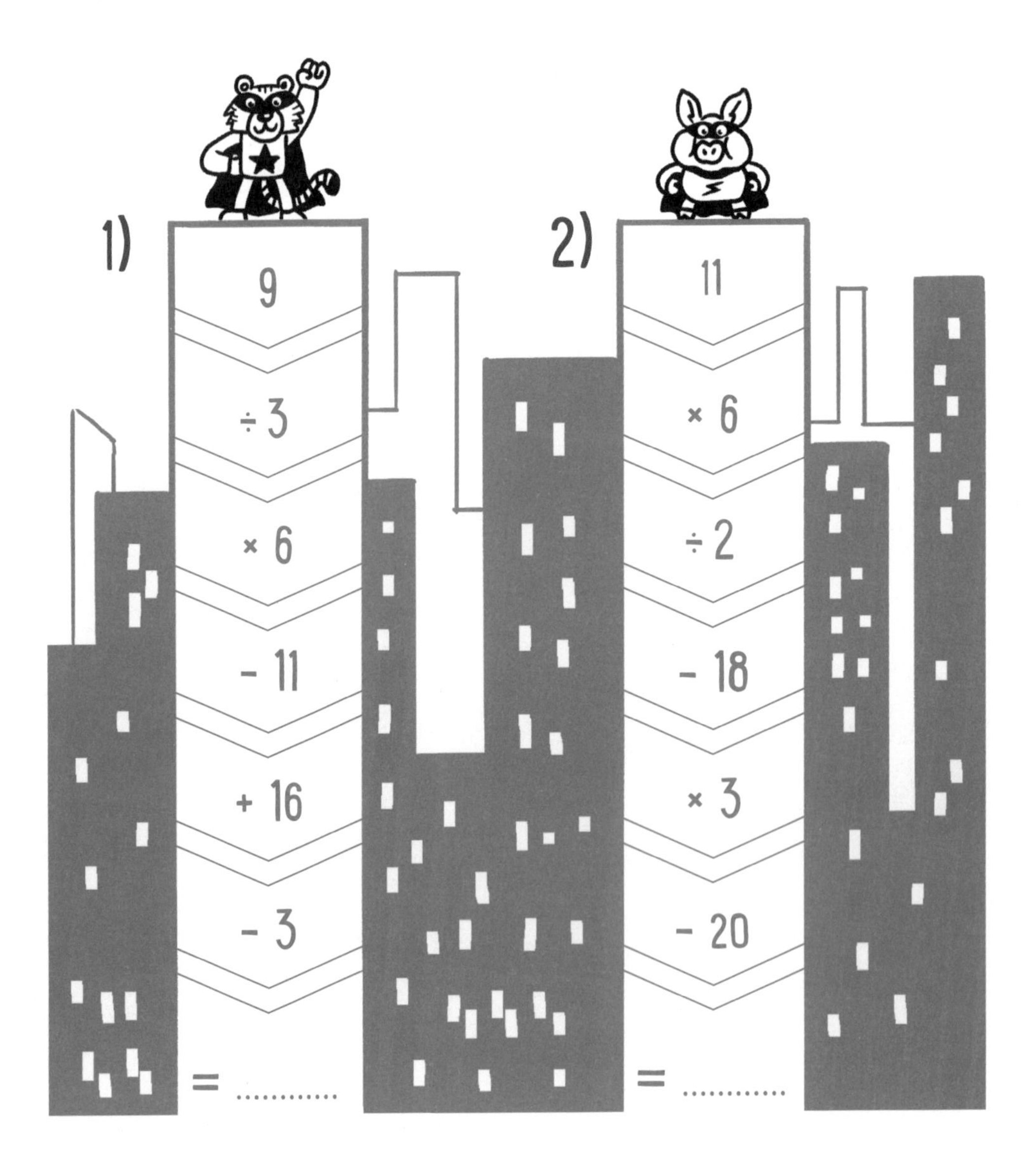

시간

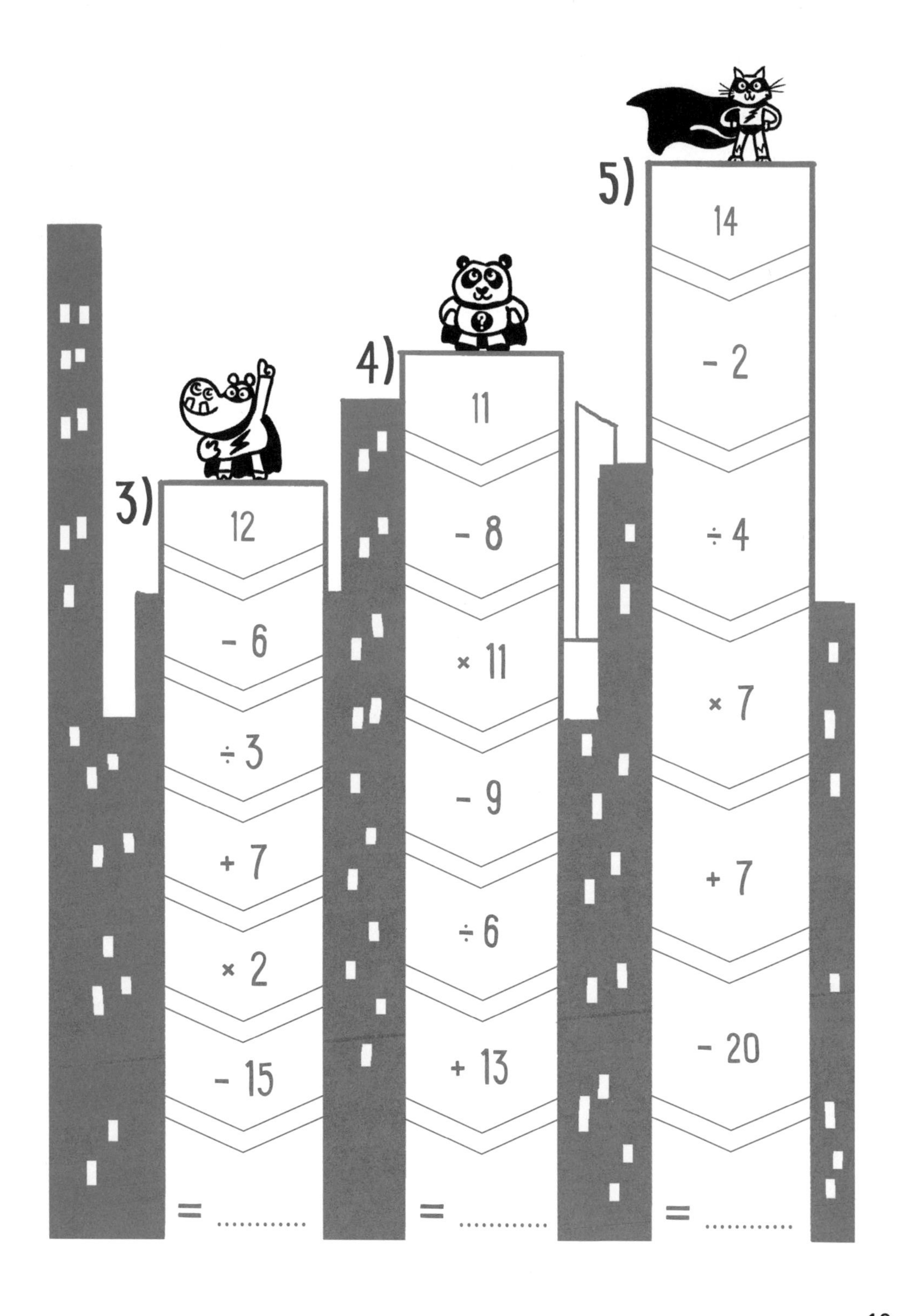

시간

아래의 그림에서 정사각형이 몇 개 있는지 세어 볼까요? 잊지 마세요! 어떤 칸은 겹쳐져 있기도 하니 모든 정사각형을 세어 보아야 해요. 빈 공간에 여러분이 생각하는 답을 적으세요.

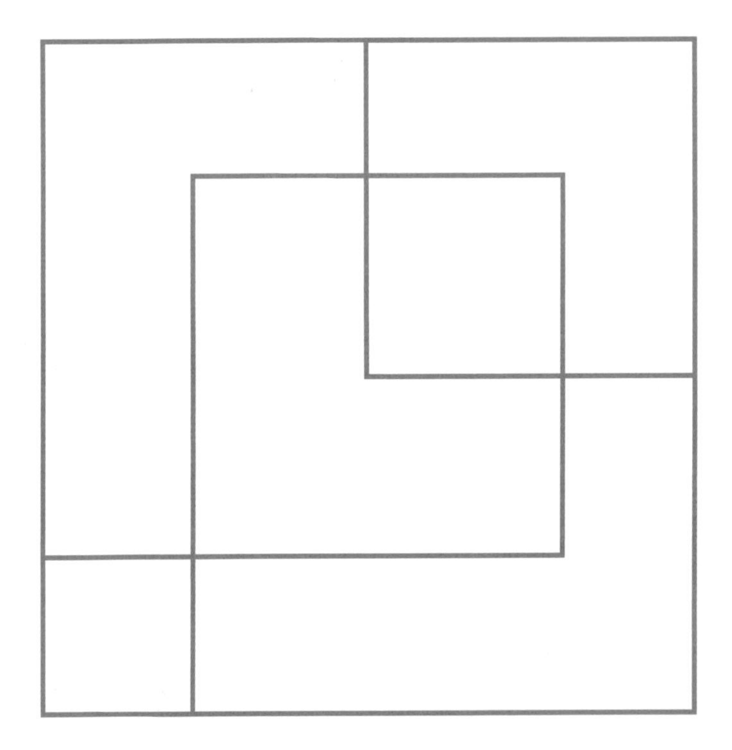

모두 .... 개의 정사각형이 있어요.

시간

이 직육면체는 4×3×3 배열로, 36개의 정육면체로 이루어져 있어요.

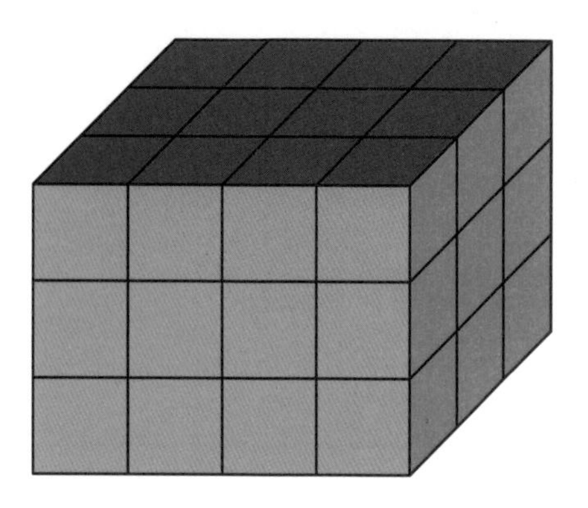

그림과 같이 직육면체의 일부가 사라져버렸어요! 남은 정육면체의 개수를 세어 보고 없어진 부분이 얼마나 되는지 알아낼 수 있나요? 정육면체 중 어느 것도 떠다니는 것은 없기 때문에 만약 여러분이 가장 위층의 정육면체를 본다면 그 밑에 있는 정육면체들도 모두 그 자리에 그대로 있다는 것을 알 수 있어요. 답을 찾으면 아래 빈 공간에 적어 보세요!

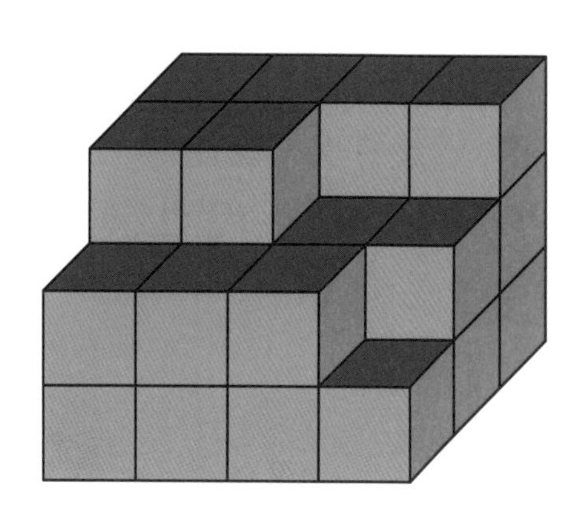

힌트

▶ 직육면체의 각 층에 있는 정육면체의 개수를 세어 보세요. 예를 들어, 아래층에는 정육면체가 몇 개 있는지 세어 보고, 그런 다음 각 층에 있는 정육면체의 개수를 모두 더하여 합계를 구해 보세요.

모두 .... 개의 정육면체가 있어요.

시간

아래의 숫자들은 연속적으로 증가하도록 나열되어 있어요. 숫자의 배열 순서가 맞는지 알아볼 수 있나요?

예시

이 숫자들은 증가하는 순서로 다시 배열할 수 있어요. → 4 8 6 12 10

항상 2를 더하는 규칙이 있기 때문이에요. → 4 6 8 10 12

이제 다음의 숫자들을 보세요. 메모를 하지 않고 각 배열을 머릿속에서 증가하는 순서대로 나열한 다음 마지막 숫자가 무엇인지 적어 보세요.

1) 15 12 6 3 9 ....

2) 4 12 20 16 8 ....

3) 41 45 43 42 44 ....

4) 45 5 35 15 25 ....

다음 두 줄은 두 가지 계산 방식을 나타내고 있어요. 대부분은 왼쪽의 계산 결과가 오른쪽의 계산 결과와 같아요. 그런데 어떤 두 줄은 왼쪽과 오른쪽의 계산 결과가 달라요. 여러분은 메모하지 않고 그 두 줄을 찾을 수 있나요? 찾게 된다면 동그라미를 그려 보세요!

2 + 3	7 - 2
14 + 7	3 x 7
12 x 2	8 x 3
9 x 3	20 + 5
7 + 17	3 x 8
50 ÷ 5	2 x 5
8 x 6	40 + 6
17 + 5	25 - 3

다음 두 페이지에 펼쳐져 있는 상자를 자세히 살펴 보세요. 메모를 하지 않고 장난감이 들어 있는 상자를 분수로 나타낼 수 있나요? 여러분이 나타낼 수 있는 가장 간단한 분수를 아래 빈 공간에 써보세요. 예를 들어, 만약 여러분이 8개의 상자 중 4곳에 장난감이 들어 있다고 생각한다면, 이것은 4/8가 될 거예요. 또 이것은 1/2로 만들 수 있어요.

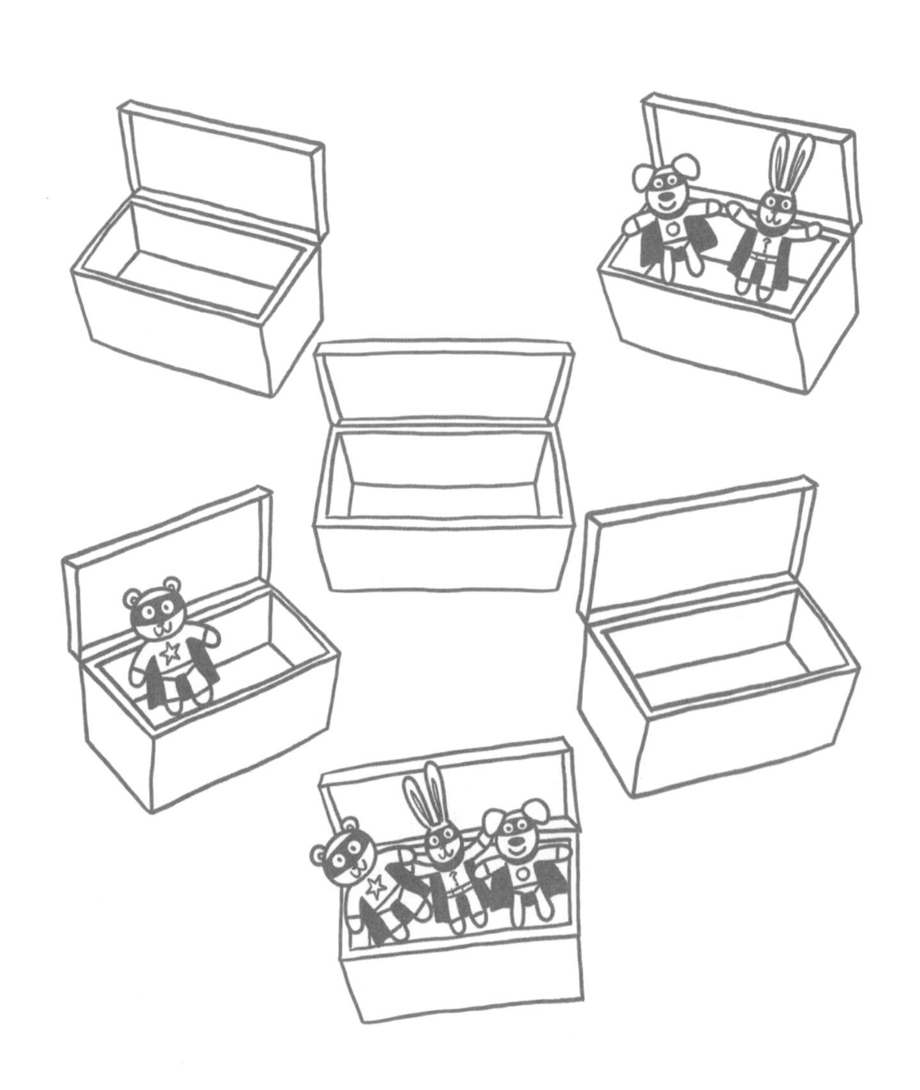

시간

분수: ....

시간

중간에 있는 네모 칸에서 어떤 수학 규칙이 일어나고 있는지 알 수 있나요? 화살표 방향으로 어느 한 숫자가 다른 숫자로 바뀌어 '?'로 표시되었어요. 예를 들어, 첫 번째 그림에서 '5'에서 '15'로, '2'에서 '6'으로, '4'에서 '12'로, '9'에서 '27'로 바뀔 수 있는 규칙은 뭘까요? 빈 공간에 여러분이 생각하는 답을 적어 보세요.

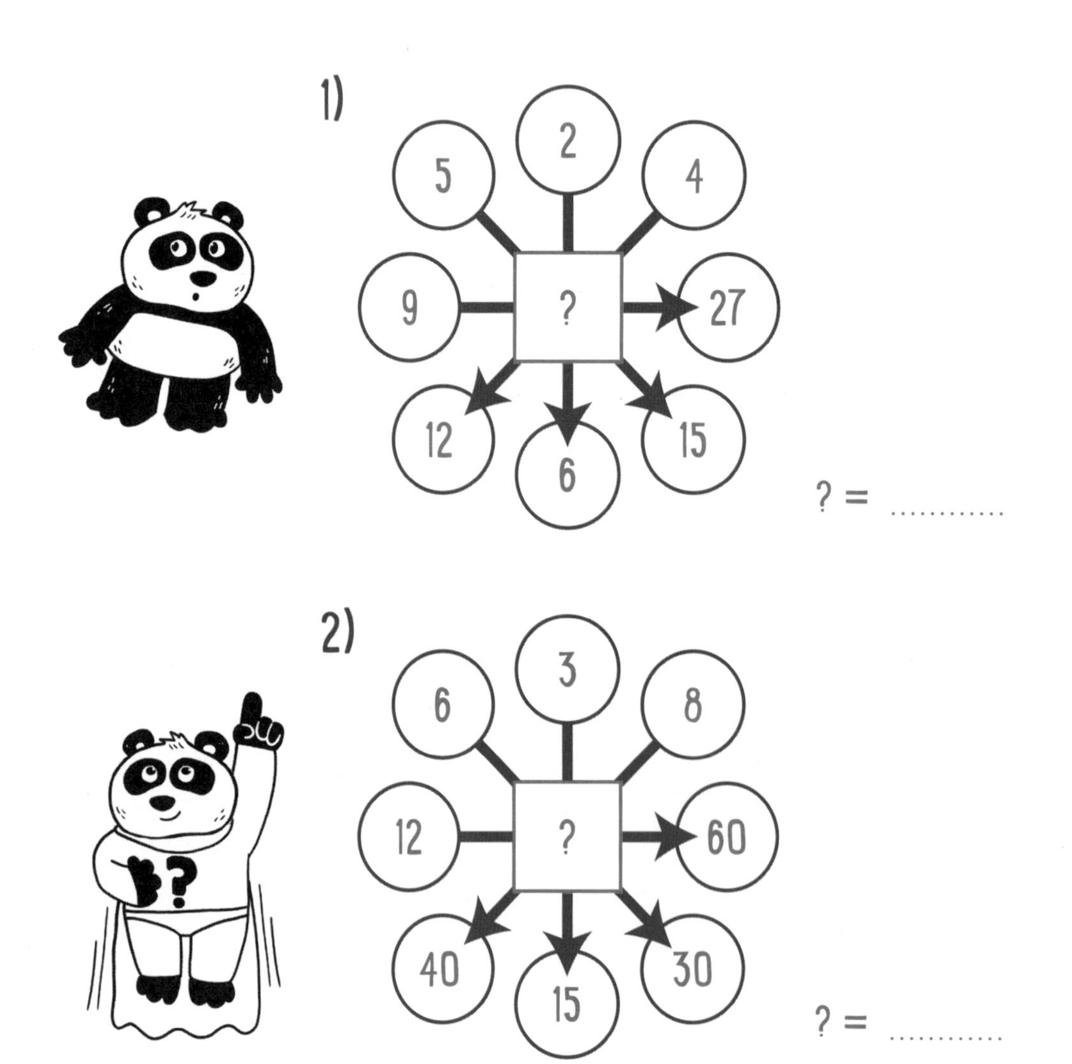

징검다리처럼 생긴 다음 도형들을 자세히 보세요. 모든 도형의 면의 개수를 더한 값은 얼마일까요? 메모를 하지 않고 총 개수를 구하여 페이지 아래의 빈 공간에 답을 적어 보세요.

모두 .... 개의 면이 있어요.

시간

아래의 나열된 숫자에는 규칙이 있고, 숫자가 하나씩 빠져있어요. 빠진 숫자가 무엇인지, 그리고 왜 그 숫자가 빠진 건지 알아내 볼까요? 빈 공간에 여러분이 생각하는 답을 적으세요.

예시를 들어 볼게요.

1 3 5 7 11 13 ⟵ 답: 숫자 9가 없어요.
이유: 이전 숫자보다 2씩 더 커요.

1) 6 9 12 18 21 24

답: 숫자 ....가 없어요.

이유: ....

2) 35 33 31 29 25 23

답: 숫자 ....가 없어요.

이유: ....

3) 4 7 10 16 19 22

답: 숫자 ....가 없어요.

이유: ....

암산 수학의 슈퍼히어로가 된다는 건 숫자를 잘 기억해야 한다는 말이에요. 바로 다음 다섯 개의 숫자를 외우는 것으로 시작해 봐요!

5　9　14　20　40

그런 다음 준비가 되면, 숫자를 모두 가리고 아래에 똑같이 쓸 수 있는지 확인해 보세요.

....

시간

아래 퍼즐에서 다음의 계산과 정답을 찾아볼까요? 두 자릿수 이상의 숫자일 경우 퍼즐에서 두 칸에 걸쳐 적혀 있어요. 어떤 계산은 거꾸로 쓰여 있고, 여러분이 틀린 답을 고르도록 해놓았으니 조심하세요.

9 x 1 = ?

14 ÷ 2 = ?

24 - 9 = ?

40 - 20 = ?

4 + 8 = ?

1	4	÷	2	=	7	=	=	7	1
5	9	0	4	2	2	1	1	+	4
2	1	9	-	1	9	×	=	2	÷
2	0	=	=	2	4	=	4	+	2
1	4	8	0	+	0	-	1	0	=
1	+	-	8	2	9	=	1	×	8
4	4	=	9	=	-	=	2	8	9
4	1	=	1	=	1	0	0	0	1
4	÷	5	6	×	1	9	4	4	2
6	2	1	9	=	9	6	5	-	0

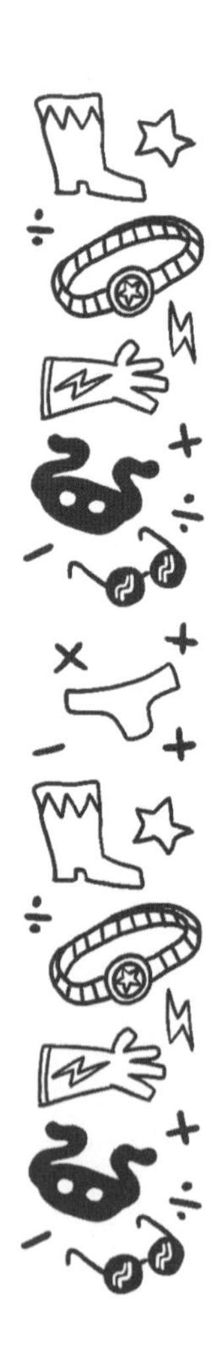

시간

숫자는 다음과 같이 세 개예요.

5 8 10

그리고 수학 기호는 두 개예요.

+ ×

메모를 하지 않고 모든 숫자와 기호를 특정한 순서대로 사용하여 아래의 숫자가 나올 수 있도록 하는 수학 계산을 해 보세요. 빈 곳에 여러분이 생각하는 답을 적어 보세요.

문제를 어떻게 푸는지 다음의 예시로 보여줄게요. 숫자 세 개와 기호 두 개를 어떻게 한 번씩 사용할 수 있는지 알아봐요.

1) 58 = ...

2) 50 = ...

시간

이 무거운 공들에는 숫자가 적혀 있어요.

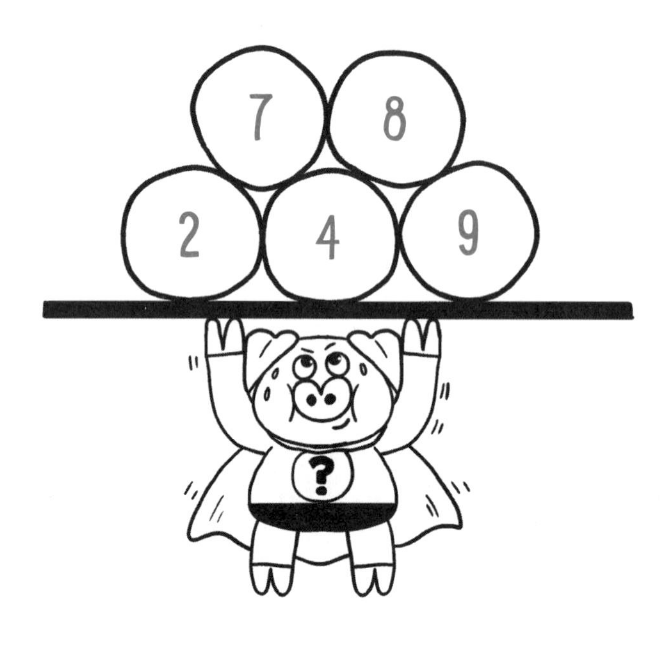

여러분이 다음의 합계를 만들고 싶다면 어떤 공을 들어야 할까요? 빈칸에 답을 적어 보세요.

예시 18 = 2, 7, 9

1) 6 = ……………………

2) 10 = ……………………

3) 20 = ……………………

4) 26 = ……………………

아래의 빈칸에 숫자를 적어 볼까요? 숫자가 나열된 줄에는 다음과 같이 곱셈 두 가지가 겹쳐 있어요.

3 4 6 8 9 12 15 16

이 줄은 3과 4의 곱셈으로 나열되어 있어요. 숫자 12와 같이 두 가지의 곱셈에서 모두 나타나는 숫자는 한 번만 적혀 있어요.

아래의 줄에는 숫자 몇 개가 빠져 있어요. 여러분은 각 줄에서 어떤 곱셈 두 가지가 나타나 있는지 알아낼 수 있나요? 빈칸에는 빠진 숫자만 적고 다른 것은 메모하지 않도록 해요!

1) 2 3 ………… 6 8 ………… 10 12 14

2) 4 ………… 8 10 12 15 ………… 20 24

3) 3 6 ………… 9 12 14 15 18 …………

시간

먼저, 잠시 다음의 숫자 세 개를 외워 보세요.

4 5 9

자, 그렇다면 다음의 숫자 가운데 여러분이 방금 외운 숫자 중 두 개를 합한 것은 뭘까요? 답에 동그라미를 그려 보세요.

8 12 14 19

시간

숫자가 나열된 다음 줄 중에서 규칙이 없고 이상한 것이 하나 있어요. 여러분은 그게 어떤 건지 알아낼 수 있나요? 줄에서는 배열을 교차하여 숫자의 규칙을 만들기도 해요.

1) 1 3 5 7 8 9 11 13

2) 1 5 2 6 3 7 4 5

3) 1+8 7+2 3+6 5+4 6+3 2+7 8+1 5+3

4) 99 87 75 63 51 41 39 27

5) 12x3 6x6 3x12 4x9 5x7 1x36 9x4 18x2

다음을 계산하는 데 얼마나 걸리는지 알아봐요. 단, 나뭇가지를 따라 가되, 메모는 하지 않는 거예요! 나뭇가지의 첫 번째 숫자에서 시작해 화살표 방향을 따라 차례대로 계산을 해 보세요. 그리고 끝에 다다르면, 빈 공간에 여러분이 생각하는 답을 적으세요.

시간

시간

머릿속으로 다음 그림의 3에서 시작하여 3의 배수를 따라 점에서 점으로 일직선을 그려 보세요. 직접 그려 보지 않고도 여러분은 어떤 모양이 만들어지는지 알아낼 수 있나요? 아래 빈 공간에 답을 적어 보세요.

● 2　　　● 3　　　● 10

12 ●

● 1　　　● 4

● 7　　　　　● 8

● 11　　　● 5

● 9　　　　　● 6

.... 모양이에요.

아래에 커다란 동물 슈퍼히어로 셋이 있네요. 코뿔소와 하마와 코끼리는 시소를 타며 놀고 있어요. 이 슈퍼히어로들이 어떻게 균형을 맞추는지 보고, 어떤 슈퍼히어로가 가장 무겁고 어떤 슈퍼히어로가 가장 가벼운지 알아내 볼까요?

가장 무거운 슈퍼히어로는 .... 예요.

가장 가벼운 슈퍼히어로는 .... 예요.

시간

다음의 두 가지 질문에 대한 답을 메모하지 않고 풀 수 있는지 알아보세요.

1) 저에게는 고양이 5마리가 있어요. 그 고양이 5마리에게는 새끼 고양이가 2마리씩 있어요. 원래 있던 고양이와 새끼 고양이를 포함하여 저에게는 모두 몇 마리의 고양이가 있을까요?

정답: ....

2) 저는 과일 3봉지를 샀어요. 각 봉지에는 6개의 사과가 들어 있어요. 만약 지금 있는 사과 중에 절반만큼만 먹는다고 한다면, 사과가 얼마나 남아 있을까요?

정답: ....

다음과 같은 연속된 규칙을 만들기 위해 어떤 규칙을 사용했는지 알아내 봐요.

예시를 들어 볼게요.

39 36 33 30 27 24 21 ⟵ 규칙: 숫자가 3씩 줄어들어요.

1) 132 121 110 99 88 77 66

규칙 : ....

2) 50 60 40 50 30 40 20

규칙 : ....

3) 1 22 333 4444 55555 666666 7777777

규칙 : ....

4) 43 55 67 79 91 103 115

규칙 : ....

여러분은 다음의 카드가 모두 몇 장인지 셀 수 있나요? 가려져 있는 카드도 있으니 조심하세요! 머릿속으로만 기억하고 메모는 하지 말아요. 빈 공간에 전체 카드 수를 제외하고는 아무것도 쓸 수 없어요.

모두 .... 장의 카드가 있어요.

시간

다음 여섯 개 숫자를 기억해 보세요.

3 9 4 7 6 2

그런 다음 준비가 되면 숫자를 가린 후 계속해서 읽어 보세요.

여기 여러분이 외워 둔 것과 같은 숫자가 있지만 순서가 다르게 나열되어 있고 새로운 숫자가 추가되었어요. 여러분이 방금 외운 6개가 아닌 숫자에 동그라미를 그릴 수 있나요?

2 3 4 6 7 8 9

상상 속 슈퍼히어로의 나라인 '동전나라'에서는 다음과 같이 동전이 5개가 있어요.

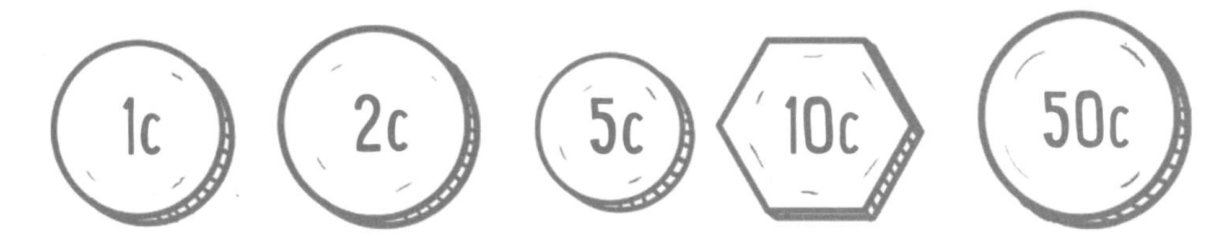

다음 질문에 대한 답을 빈 공간에 적어 보세요.

1) 여러분에게는 동전나라의 동전이 5개 있어요. 그 5개를 모두 더한 값은 108c예요. 여러분은 어떤 동전 5개를 가지고 있나요?

정답: ....

2) 여러분에게 총합이 75c인 동전이 주어진다면, 가장 적은 수의 동전은 무엇인가요?

정답: ....

3) 50개 동전을 두 개 사용해 67c짜리의 물건을 사요. 거스름돈이 동전 6개가 되어야 한다면, 그 동전은 무엇일까요?

정답: ....

시간

여러분의 초능력을 연습할 시간이에요! 아래는 모두 다른 구구단에서 가져온 숫자들이에요. 나열된 숫자가 어느 구구단에서 나오는지 알아낼 수 있나요?

예를 들어 볼게요.

6	8	10	12

= 2의 구구단

1)

25	30	35	40

= .... 의 구구단

2)

36	45	54	63

= .... 의 구구단

3)

24	27	30	33

= .... 의 구구단

시간

다음 다섯 개의 숫자를 보고 적힌 순서를 기억해 보세요.

5　82　17　99　30

여러분이 순서를 기억했다고 생각할 때 그 숫자들을 가린 후 계속해서 문제를 읽어 보세요.

여기 같은 5개의 숫자가 있지만, 그 순서가 달라요. 여러분은 ㄱ에서 ㅁ까지 다음 숫자 아래에 적을 수 있나요? ㄱ은 윗줄에서 첫 번째로 있는 숫자고, ㄴ은 두 번째 숫자고 ㅁ은 마지막 숫자예요.

5　17　30　82　99

정답: ....

시간

다트 판의 동그라미에서 숫자 3개를 하나씩 찾아 아래에 있는 총합을 만들어 봐요. 총 합계 아래에 있는 빈칸에 여러분이 생각하는 답을 적으세요. 예를 들어, 안쪽 동그라미에서는 숫자 11, 중간 동그라미에서는 숫자 6, 바깥 동그라미에서는 숫자 5를 골라서, 이것을 모두 더한 22를 만들 수 있어요.

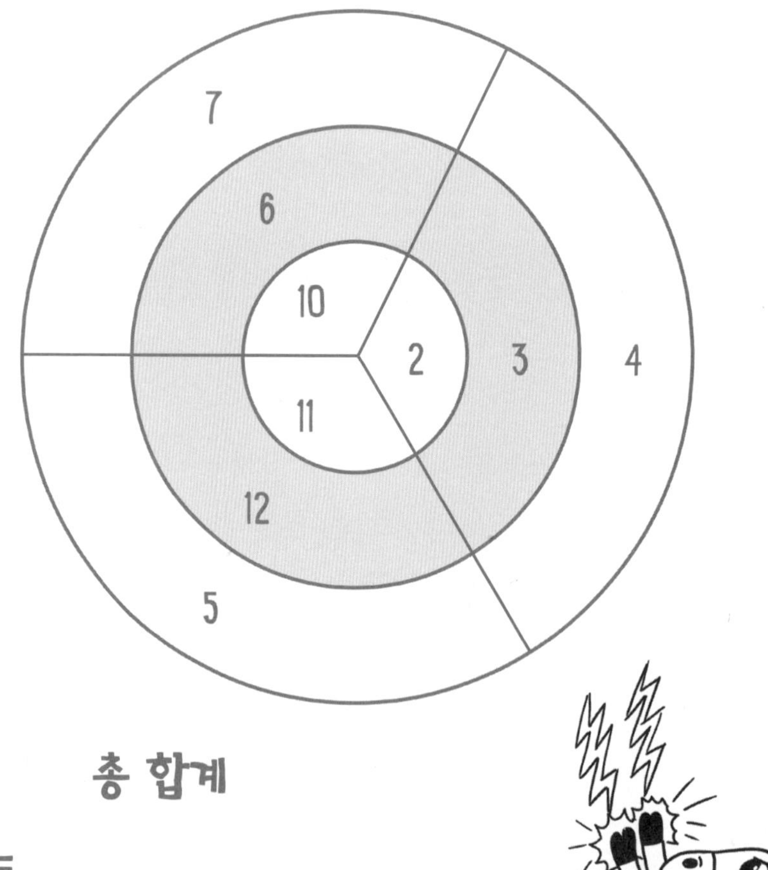

총 합계

15 = ...

26 = ...

30 = ...

슈퍼히어로들은 항상 제시간에 도착해야 해요! 여러분은 다음 시간을 계산할 수 있나요? 어떤 메모도 하지 않고 이 문제를 풀어 보세요. 질문 다음에 오는 빈칸에 여러분이 생각하는 답을 적으세요.

1) 아침 7:30에 일어나 1시간 동안 외출 준비를 해요. 5시간 동안 집을 나갔다가 돌아온 후 1시간 동안 책을 읽어요. 지금은 몇 시인가요?

정답: ....

2) 지금은 자정이에요. 7시간 전에 저녁 식사를 시작해서 30분 동안 먹었어요. 그렇다면 몇 시에 식사를 끝냈나요?

정답: ....

3) 오늘은 월요일이고, 3일 전에 영화관에 다녀왔어요. 그 다음 날에는 수영을 하러 갔어요. 수영하러 간 요일은 언제인가요?

정답: ....

조금 더 어려운 문제를 풀어 볼까요? 다음은 숫자를 나타내기 위해 문자를 써놓은 것이에요. 머릿속으로만 계산해 보세요!

숫자를 나타내는 데 사용할 수 있는 문자는 다음과 같아요.

A=1 B=2 C=3 D=4 E=5 F=6

이제 다음 계산을 왼쪽에서부터 풀어 보세요. 여러분의 답 역시 문자로 적어야 해요!

1) A + B + B − C = ...

2) D × D − F − D = ...

3) E − C + F × B ÷ D = ...

다음은 두 가지 계산 방식을 나타내고 있어요. 대부분은 왼쪽의 계산 결과가 오른쪽의 계산 결과와 같아요. 하지만 이 중 두 곳은 왼쪽과 오른쪽의 계산 결과가 다르답니다. 여러분은 메모를 하지 않고 그 두 곳을 찾을 수 있나요? 맞는다고 생각하는 곳에 동그라미를 그리세요.

1 + 3	5 - 1
6 x 2	15 - 3
9 x 4	30 + 6
5 x 3	18 - 2
7 + 7	14 x 1
20 - 10	2 x 5
13 + 5	12 + 6
18 - 12	4 x 2

시간

아래 두 슈퍼히어로는 다른 숫자를 의미해요. 계산을 보면서 슈퍼히어로가 나타내는 숫자가 뭔지 알아내 볼까요?

여기 여러분이 생각하는 답을 적으세요.

나비 열 마리의 날개에 숫자가 적혀 있어요. 그 중 나비 한 마리가 눈에 띄는데, 그게 어떤 나비인지 알아낼 수 있나요? 여러분은 다음 4가지 사실을 알고 있어요.

- 다음 숫자 중 3개는 어떤 수의 배수예요.
- 다음 숫자 중 3개는 다른 어떤 수의 배수예요.
- 다음 숫자 중 3개는 또 다른 어떤 수의 배수예요.
- 다음 숫자 중 1개는 위의 어떤 것에도 해당하지 않아요.

여러분은 메모하지 않고 다른 것과 어울리지 않는 숫자 하나를 찾을 수 있나요?

아래의 시간 중에서 하루 중 가장 이른 시간과 가장 늦은 시간을 찾아볼까요? 이 문제는 여러분이 생각하는 것만큼 쉽지 않아요. 시간 옆에 적혀 있는 것도 잘 봐야 하고 아무것도 메모하지 말아야 해요!
답을 찾았다면 옆의 빈 공간에 적으세요. 가장 이른 시간 옆에는 'ㄱ', 그 다음 시간 옆에는 'ㄴ'… 이런 식으로 적으면 돼요. 그리고 마지막 시간 옆에는 'ㅂ'을 적으세요.

보다 12시간 늦음 = ...

보다 1시간 늦음 = ...

보다 30분 늦음 = ...

보다 3시간 빠름 = ...

보다 3시간 빠름 = ...

보다 4시간 빠름 = ...

슈퍼히어로를 순서대로 따라가면서 메모하지 않고도 다음의 계산에 따라 결과를 얻을 수 있는지 알아보세요. 첫 번째 숫자에서 시작해 화살표대로 계산을 해 보세요. 그리고 빈칸에 계산 결과를 쓰세요.

시간

시간

아래의 어느 숫자에 선을 그어 정확한 계산식을 만들어 보세요.

예를 들면, 위의 식에서 숫자 '2'를 지우면 '10 × 4 = 40'이라는 옳은 계산식이 돼요. →

$$10 \times 24 = 40$$

자, 그럼 아래 세 문제를 풀어 보세요. 각 숫자에 선을 그어 계산을 올바르게 만들어 보세요!

1) $12 \times 26 = 24$

2) $11 + 31 + 51 = 47$

3) $10 \times 7 \times 7 = 49$

진짜 슈퍼히어로들을 위한 문제를 가져 왔어요! 아래 계산을 한 후 메모하지 않고 결과를 모두 더해 봐요. 그러기 위해서는 다음과 같은 계산을 할 때 각 계산의 합계를 기억해 두면 좋아요. 문제가 조금 어렵고 연습이 필요할 수도 있지만, 여러분은 충분히 할 수 있답니다!

예를 들어, 만일 세 가지 계산이 있고 그 총합이 3, 14, 8이라면 이것을 모두 더해서 25라는 결과를 얻는 거예요.

$3 + 4$

$5 + 2$

3×3

$8 \div 2$

$7 - 4$

위 계산의 합계는 ....이에요.

시간

여러분은 선을 그리지 않고 아래의 미로를 통과해서 슈퍼히어로를 도울 수 있나요? 미로를 지나가는 도중에 나오는 숫자의 수를 세고 마지막에는 합계를 적어 보세요.

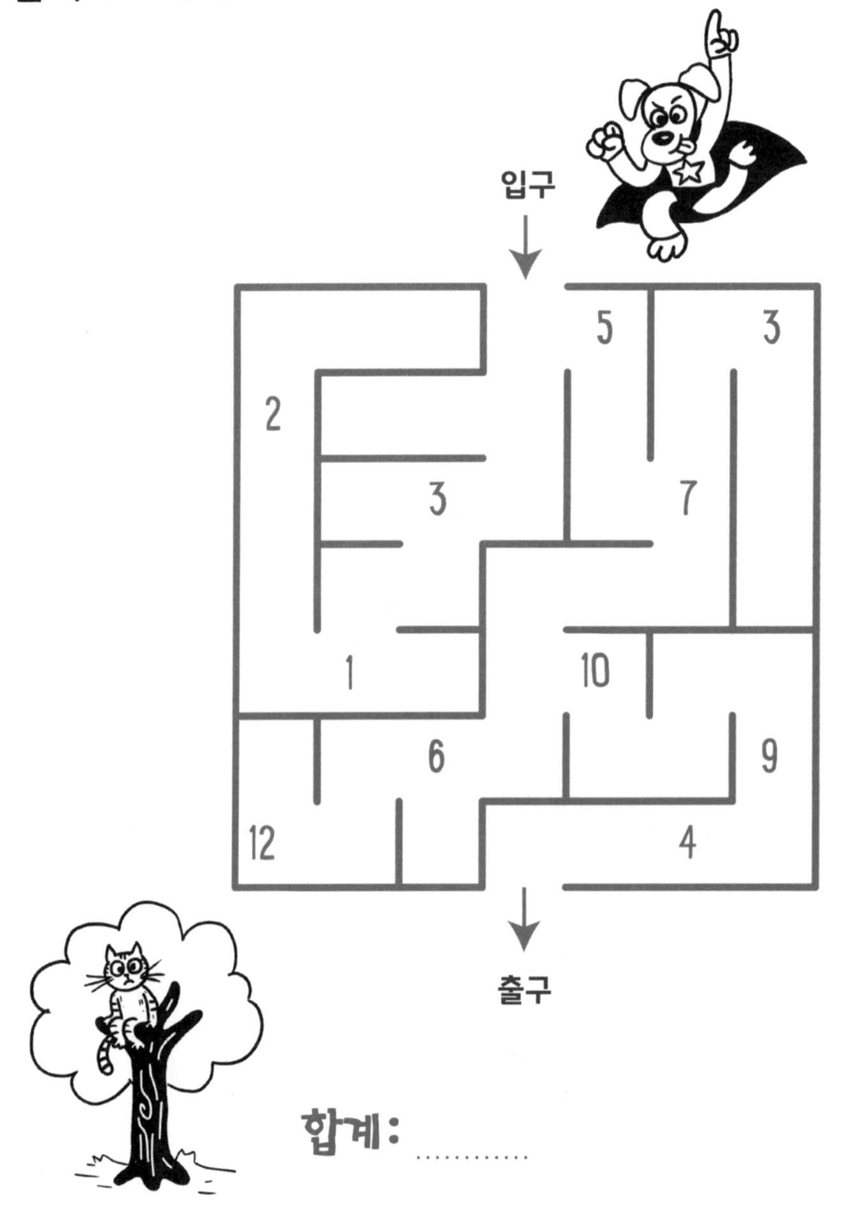

합계: …………

자, 여기에 결과가 다른 계산 7개가 있어요. 메모를 하지 않고 여러분은 숫자가 가장 낮은 것에서 숫자가 가장 높은 것까지 순서대로 나열할 수 있나요? 순서를 결정했으면 각 계산과 함께 ㄱ에서 ㅅ까지의 글자를 적어 보세요. ㄱ은 숫자가 가장 낮은 것, ㅅ은 숫자가 가장 높은 것을 뜻해요.

3×4 ....

$13 + 5$ ....

$40 \div 5$ ....

9×3 ....

5×7 ....

$14 + 18$ ....

8×5 ....

숫자 피라미드에 있는 네모 칸은 바로 그 아래에 있는 두 네모 칸을 더한 것이에요.

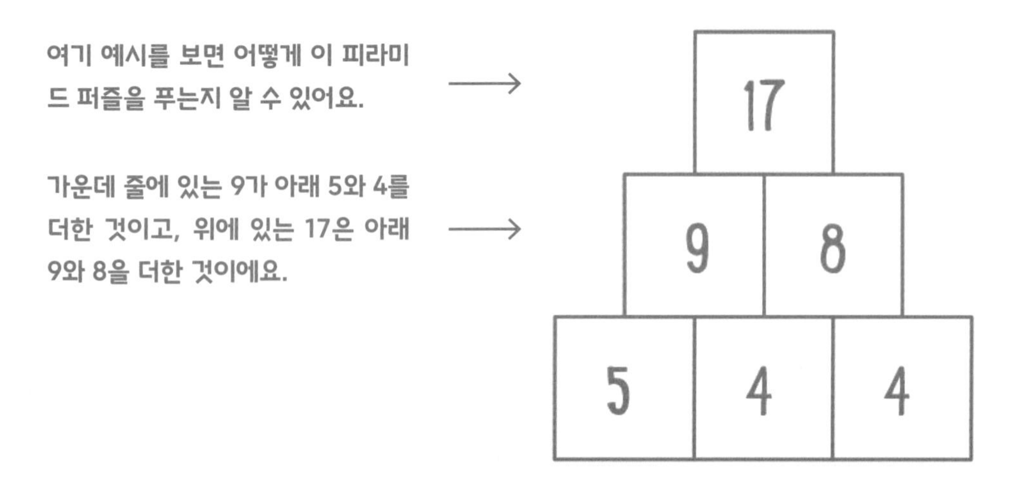

자, 여기 또 다른 피라미드가 있는데, 오른쪽에만 숫자가 적혀 있어요. 메모를 하지 않고 별이 있는 곳에 무슨 숫자를 써야 할지 알아낼 수 있나요? 빈 칸에 답을 적으세요.

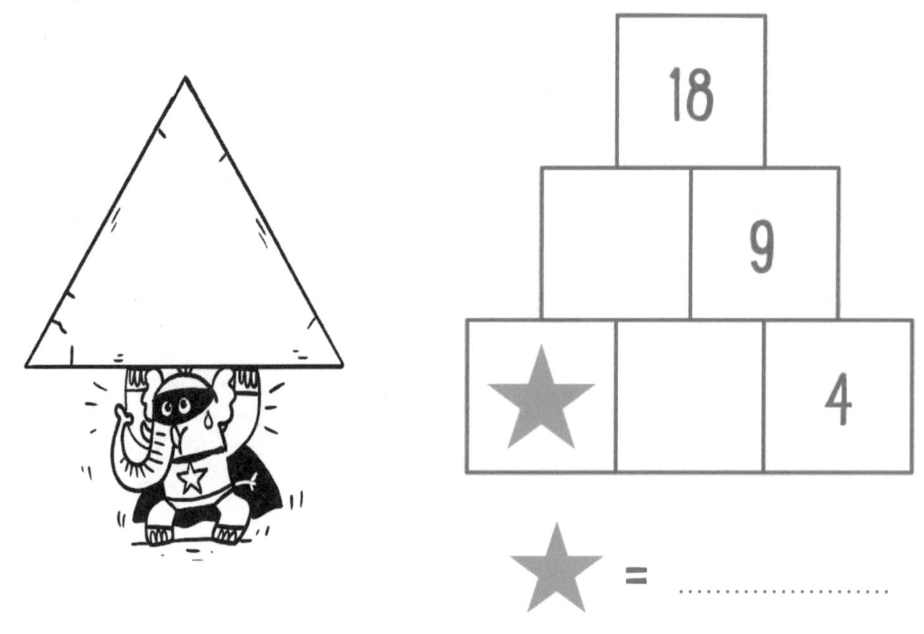

아래 숫자의 순서를 수가 증가하는 순서대로 다시 배열할 수 있어요. 적힌 숫자의 순서가 맞는지 확인해 볼까요?

예를 들어 볼게요!

10 20 5 15 25

이 숫자들은 다음과 같이 커지는 순서대로 다시 배열할 수 있어요.

항상 5만큼
커지기 때문이에요. ⟶ 5 10 15 20 25

이제 아래 숫자들을 위의 예시처럼 다시 배열해 보세요. 메모를 하지 않고 머릿속으로 생각한 대로 올바른 순서대로 배열해 보세요. 그리고 맨 마지막 순서에 어떤 숫자가 올 수 있는지 적어 보세요.

1) 17 11 20 14 23 …………

2) 61 25 52 34 43 …………

3) 55 71 67 59 63 …………

3) 56 44 68 50 62 …………

다음 두 쪽의 슈퍼히어로들을 한번 보세요. 누가 가면을 쓰고 있지 않는지 알 수 있나요? 오른쪽 페이지에 가장 간단한 형태로 분수를 적어 보세요.

예를 들어, 만약 여러분이 10명 중 5명이 마스크를 쓰고 있지 않다고 생각한다면 5/10가 될 것이고, 그건 1/2로 만들 수 있어요.

시간

분수: ....

시간

아래 숫자 일곱 개를 보고 순서대로 기억해 보세요.

5 8 4 9 3 4 5

그리고 여러분이 순서를 다 기억했다면, 숫자를 가리고 계속해서 읽어 보세요.

자, 다음에는 위와 같은 숫자가 적혀 있어요. 같은 순서지만 두 숫자만 순서가 바뀌어 있어요. 바뀐 숫자 두 개에 동그라미를 그릴 수 있나요?

5 8 5 9 3 3 5

공에는 다음과 같이 숫자가 적혀 있어요.

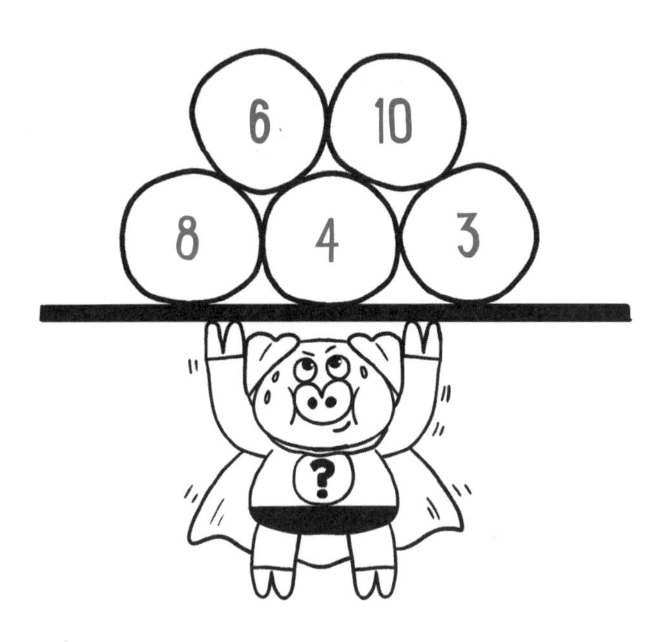

아래와 같은 합계를 만들기 위해서는 어떤 공을 들어야 할까요? 주어진 빈 칸에 여러분이 생각하는 답을 적어 보세요.

예시를 보여드릴게요. 12 = 4, 8

1) 9 = ...

2) 15 = ...

3) 20 = ...

4) 25 = ...

이 직육면체는 4×3×3 배열로, 36개의 정육면체로 이루어져 있어요.

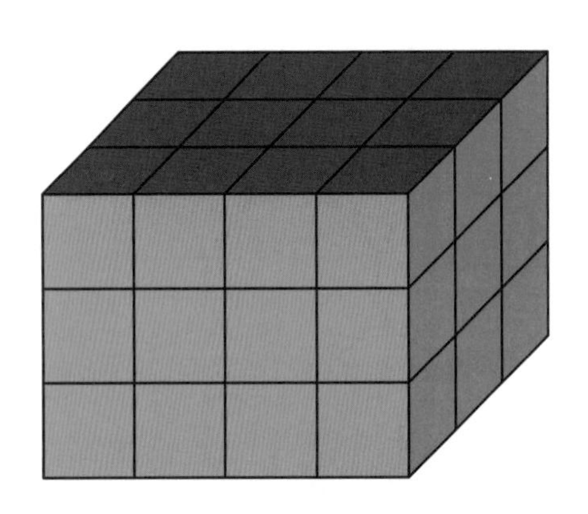

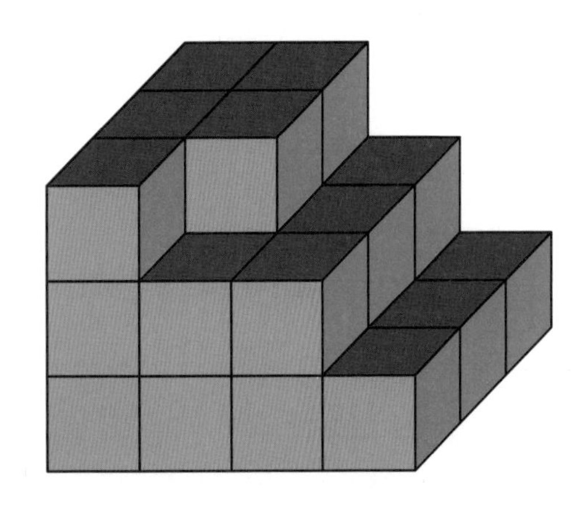

다음 그림과 같이 직육면체의 일부가 사라져 버렸어요! 남은 정육면체의 개수를 세어 보고 없어진 부분이 얼마나 되는지 알아낼 수 있나요? 정육면체 중 어느 것도 떠다니는 것은 없기 때문에 만약 여러분이 가장 위층의 정육면체를 본다면 그 밑에 있는 정육면체들도 모두 그 자리에 그대로 있다는 것을 알 수 있어요. 답을 찾으면 아래 빈 공간에 적어 보세요!

힌트

▶ 직육면체의 각 층에 있는 정육면체의 개수를 세어 보세요. 예를 들어, 아래층에는 정육면체가 몇 개 있는지 세어 보고, 그런 다음 각 층에 있는 정육면체의 개수를 모두 더하여 합계를 구해 보세요.

모두 .... 개의 정육면체가 있어요.

시간

중간에 있는 네모 칸에서 어떤 수학 규칙이 일어나고 있는지 알 수 있나요? 화살표 방향으로 어느 한 숫자가 다른 숫자로 바뀌어 '?'로 표시되었어요. 예를 들어, 첫 번째 그림에서 '12'에서 '23', '10'에서 '19', '6'에서 '11', '5'에서 '9'로 바뀔 수 있는 규칙은 뭘까요? '×4-1'과 같은 규칙이 적용될 수도 있어요.

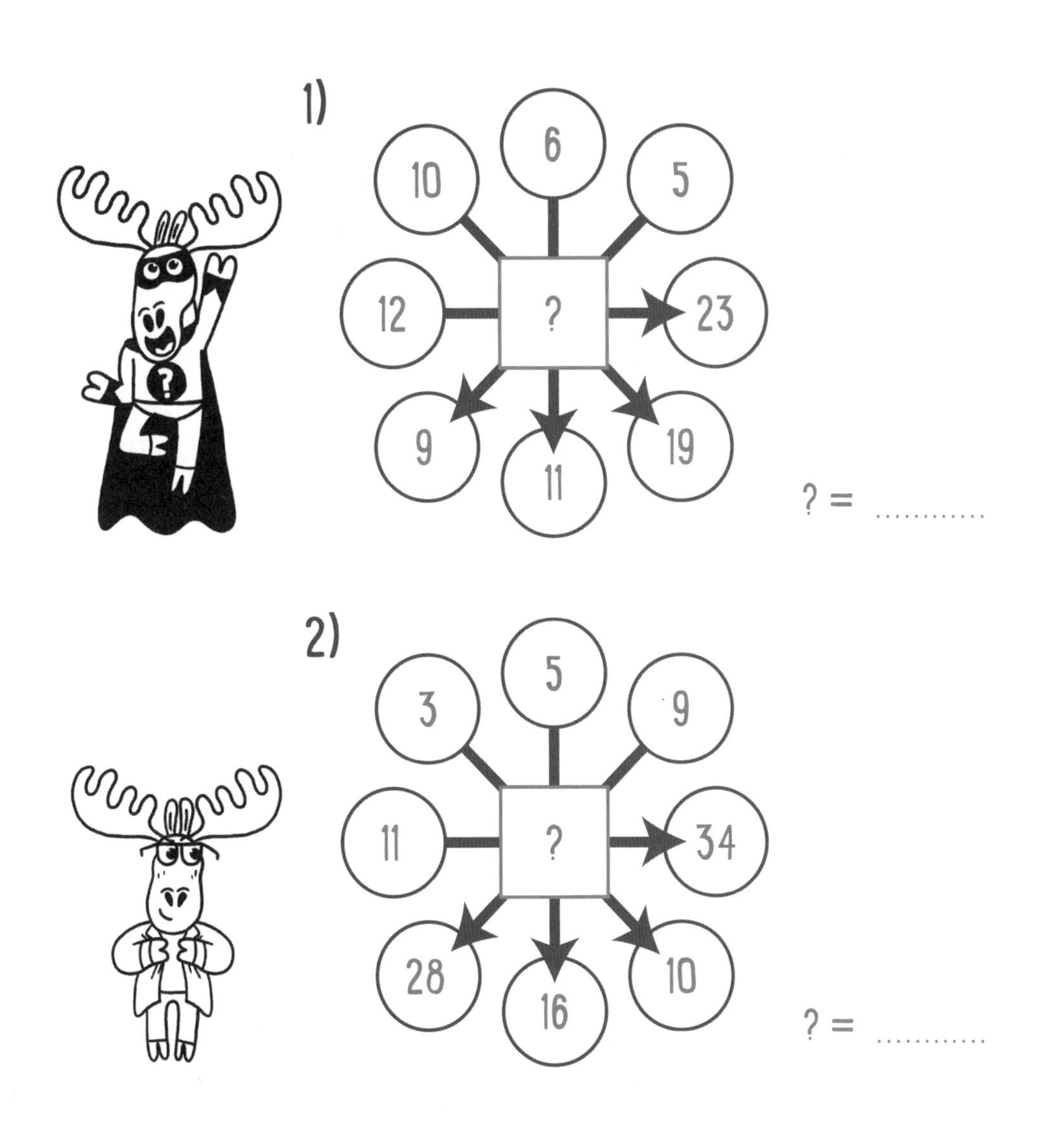

? = ...

? = ...

시간

다음 숫자 6개가 어떤 순서로 적혀 있는지를 기억할 수 있나요?

13 44 9 107 32 65

순서를 기억했다면, 숫자를 모두 가린 뒤 계속해서 다음 내용을 읽어 보세요.

여기 같은 6개의 숫자가 있지만 순서는 달라요. 숫자 아래에 'ㄱ'에서 'ㅂ'까지를 쓸 수 있나요? 'ㄱ'은 가장 먼저 나열된 숫자이고, 'ㄴ'은 두 번째 오는 숫자를 뜻해요. 이렇게 마지막 숫자를 나타내는 'ㅂ'까지 한번 적어 볼까요?

9 13 32 44 65 107

정답: ....

마지막에 어떤 숫자가 와야 하는지 알아낼 수 있나요? 숫자를 빈칸에 써보세요.

1)	6	10	14	18	22	26	....
2)	17	23	29	35	41	47	....
3)	19	27	35	43	51	59	....
4)	2	14	26	38	50	62	....
5)	110	99	88	77	66	55	....

메모를 하지 않고 다음 나눗셈의 나머지를 알아내 빈칸에 여러분이 생각하는 답을 적어 보세요.

이건 예시에요.

$23 \div 3 = 7$ 나머지는 2

1) $25 \div 2 =$ ………… 나머지는 …………

2) $48 \div 7 =$ ………… 나머지는 …………

3) $58 \div 9 =$ ………… 나머지는 …………

4) $67 \div 8 =$ ………… 나머지는 …………

이번에는 암산 문제예요. 우선 다음의 세 숫자를 외워 보세요.

7 9 12

준비가 되면 숫자를 가리고 계속해서 다음 내용을 읽으세요.

자, 다음 숫자에서 여러분이 방금 외운 숫자 중 두 개를 더한 것이 어디 있는지 찾아볼까요? 여러분이 생각하는 답에 동그라미를 그려 보세요.

14 16 18 20

시간

메모를 하지 않고도 다음의 질문에 대해 답을 할 수 있는지 알아보세요!

1) 식탁 위에 접시 4개가 놓여 있어요. 여러분은 숟가락, 나이프, 포크를 접시 옆에 하나씩 놓아요. 그런 다음 식탁 위에 디저트 스푼 2개를 놓아요. 그렇다면 테이블 위에는 총 몇 개의 식기가 있나요?

정답: ....

2) 공원을 걷고 있는데, 7마리 개가 여러분을 향해 다가오고 있네요. 모든 개는 사람 한 명과 함께 있고, 그 사람들 중 4명은 다른 사람 한 명과 같이 있어요. 그렇다면 여러분이 본 개와 사람의 합은 총 얼마인가요?

정답: ....

다음 숫자판의 왼쪽 위 색칠된 칸에 숫자 15가 적혀 있네요. 여기에 손가락을 대보세요. 여러분은 아래의 규칙을 모두 지켜 오른쪽 아래에 색칠되어 있는 칸까지 갈 수 있나요?

규칙

- ▶ 손가락은 한 번에 한 칸씩 움직여야 하며, 서로 붙어있는 칸으로만 움직일 수 있어요.
- ▶ 왼쪽, 오른쪽, 위, 아래로는 움직일 수 있지만 대각선으로는 움직일 수 없어요.
- ▶ 움직이려는 쪽의 숫자가 현재 손가락으로 가리키고 있는 숫자보다 5가 더 많거나 4가 적은 숫자일 경우에만 다른 칸으로 이동할 수 있어요.

15	20	26	34	30
11	25	21	29	25
7	22	17	24	21
32	27	23	19	26
27	23	19	24	31

다음 두 페이지에는 슈퍼히어로들이 타고 다니는 것들이 있는데, 모두 몇 개인지 셀 수 있나요? 조심하세요! 탈것이 많이 있고 모두 모양과 크기가 다르거든요. 머릿속에 있는 탈것들을 따라가며 엑스나 동그라미를 표시하지 않고 페이지 아래의 주어진 공간에 여러분이 생각하는 탈것의 총 개수를 적어 보세요.

총 개수: ....

시간

시간

다음 숫자가 적힌 줄마다 어울리지 않는 숫자 하나가 있어요. 여러분은 그 숫자가 뭔지 알아낼 수 있나요? 숫자 줄에서 어울리지 않는 것을 선으로 지워, 남은 숫자들이 규칙을 띨 수 있도록 만들어 보세요.

1) 2 5 7 8 11 14 17

2) 5×8 4×9 10+30 10×4 20×2 1×40 60−20 8×5

3) 24 4 5 16 8 20 12 10

4) 11 24 37 45 50 63 76 89

5) 84 52 21 63 14 70 35 42

시간

동그라미 안에 있는 숫자는 다른 숫자와 짝을 이루고 있고, 같은 규칙으로 이어져 있어요. 여러분은 이 규칙이 뭔지 알아내어 빈 동그라미에 어울리는 숫자를 쓸 수 있나요?

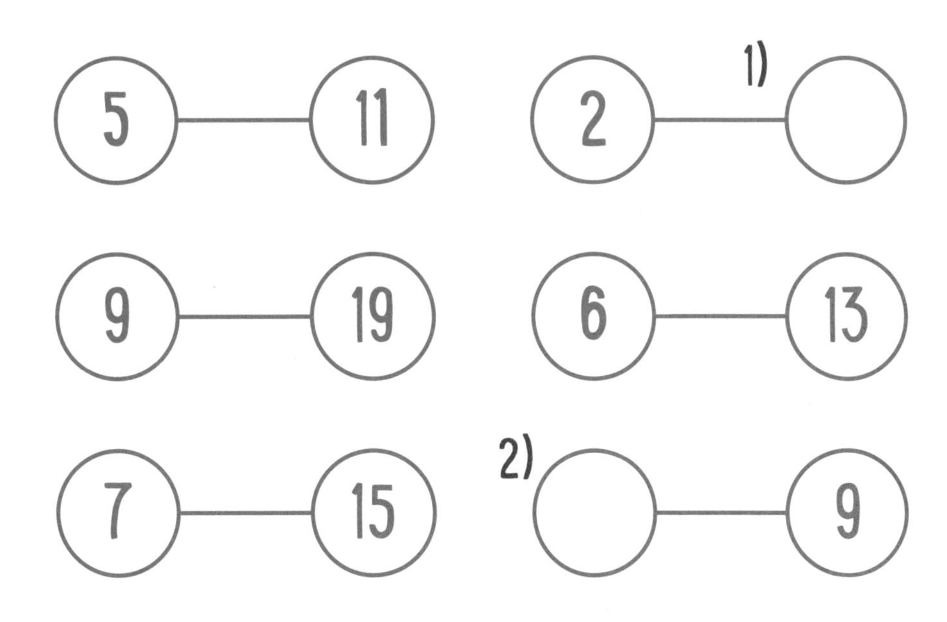

숫자 띠를 따라 내려가면서 메모하지 않고도 계산 결과를 알아낼 수 있나요? 숫자 띠에서 첫 번째 번호부터 화살표 방향으로 차례대로 계산해 보세요. 숫자 띠의 끝에 다다르면 빈 공간에 여러분이 생각하는 답을 적으세요.

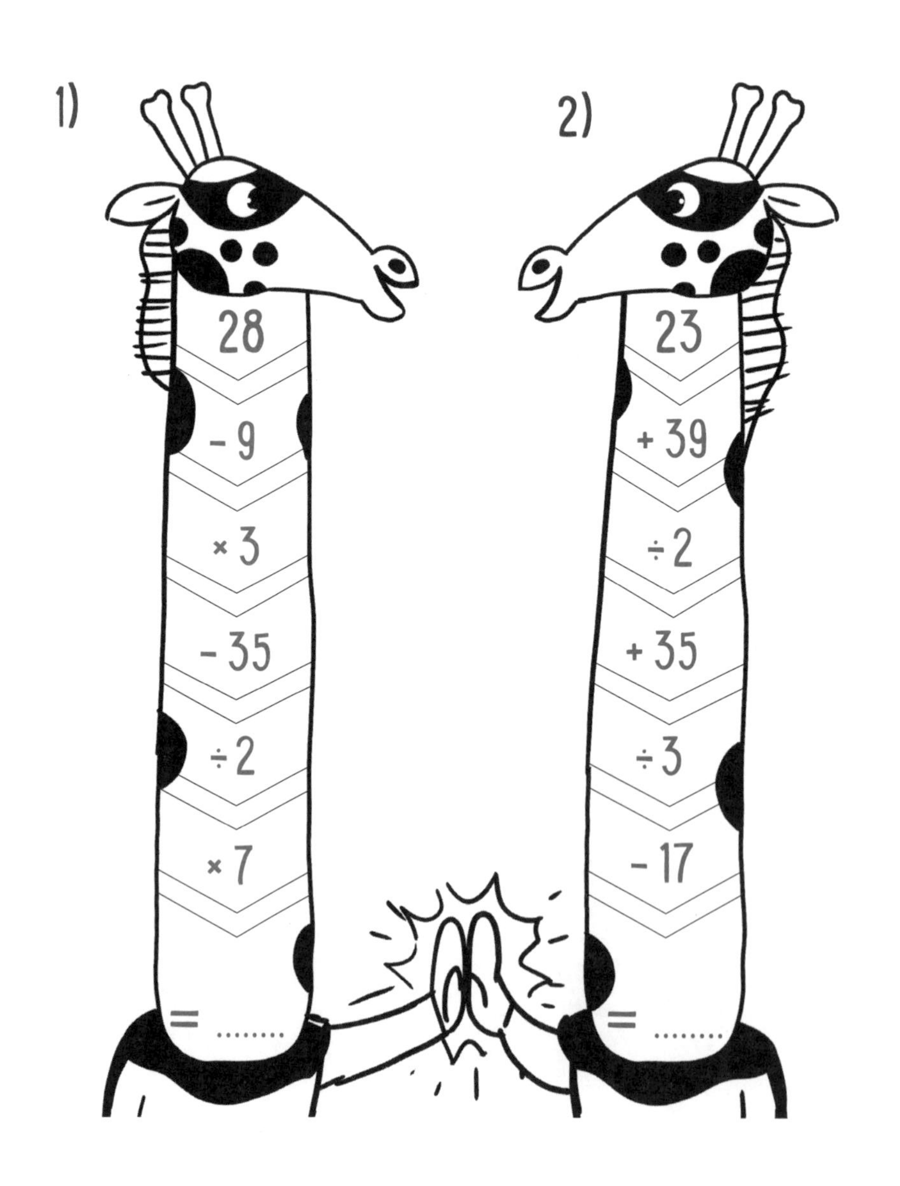

시간

3)
23
+ 23
- 42
÷ 2
× 8
- 4
= ....
4)
28
÷ 2
+ 47
- 43
+ 30
- 4
= ....
5)
13
+ 38
÷ 3
× 4
÷ 2
+ 22
= ....

시간

아래에 쓰여 있는 숫자가 어떤 수 3개를 더한 것인지 찾아야 해요. 예를 들어, 안쪽 동그라미에서 숫자 1, 가운데 동그라미에서 숫자 5, 바깥 동그라미에서 숫자 4를 선택하여 이를 모두 더한 값인 10을 만들 수 있어요.

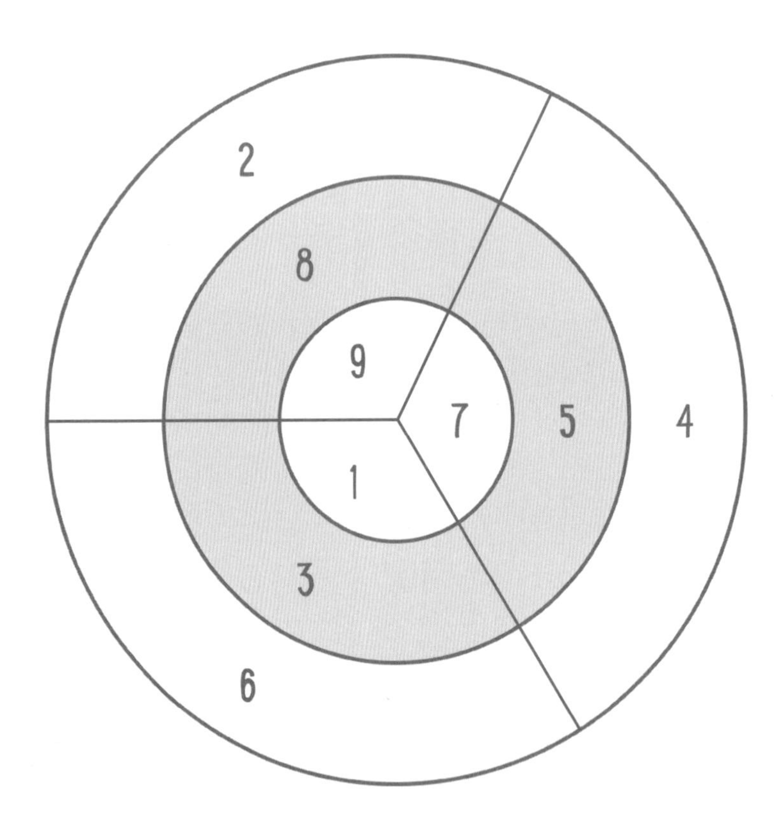

목표 합계

18 = ...

42 = ...

84 = ...

시간

다음은 두 가지 계산 방식을 나타내고 있어요. 대부분은 왼쪽의 계산 결과가 오른쪽의 계산 결과와 같아요. 그런데 어떤 두 곳은 왼쪽과 오른쪽의 계산 결과가 달라요. 여러분은 메모하지 않고 그 두 곳을 찾을 수 있나요? 찾게 된다면 동그라미를 그려 보세요!

5×2	15-5
7×7	5×9
3+12	5×3
6+6	7+5
9×9	90-9
5×5	40-15
7+32	47-9
8×3	2×12

시간

슈퍼히어로가 부츠 한 켤레를 사고 싶어 하는데 얼마인지 모르겠다고 하네요! 여러분이 도와줄 수 있나요? 메모를 하지 않고 값이 가장 싼 부츠에는 동그라미를 그리고, 가장 비싼 부츠에는 네모를 그려 보세요.

아래 숫자는 두 가지 곱셈이 번갈아 나열되어 있어요.

3 4 6 8 9 12 15 16

3과 4의 곱셈으로 나열되어 있네요. 숫자 12와 같이 두 가지의 곱셈에서 모두 나타나는 숫자는 한 번만 적혀 있어요.

아래의 줄에는 숫자 몇 개가 빠져 있네요. 여러분은 각 줄에서 어떤 곱셈 두 가지가 나타나 있는지 알아낼 수 있나요? 빈칸에는 빠진 숫자만 적고 다른 것은 메모하지 않도록 해요!

1) 5 6 10 .... 15 18 20 24 ....

2) 4 .... 8 12 14 16 .... 21 24

3) .... 9 14 18 21 .... 28 35 36

아래의 시간 중에서 하루 중 가장 이른 시간과 가장 늦은 시간을 찾아볼까요? 이 문제는 여러분이 생각하는 것만큼 쉽지 않아요. 시간 옆에 적혀 있는 것도 잘 봐야 하고 아무것도 메모하지 말아야 해요!
답을 찾았다면 옆에 있는 빈칸에 적으세요. 가장 이른 시간 옆에는 'ㄱ'을, 그 다음 시간 옆에는 'ㄴ'를, 이런 식으로 마지막 시간 옆에는 'ㅂ'을 적으면 돼요.

보다 60분 빠름 = ...

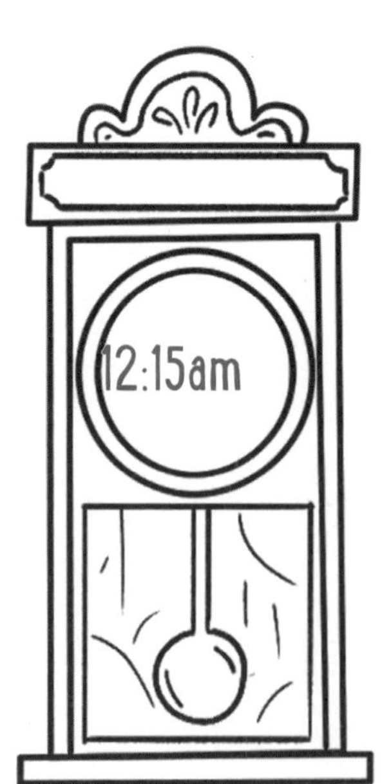

보다 2시간 더 늦음 = ...

보다 45분 더 늦음 = ...

보다 4시간 더 늦음 = ...

보다 2시간 30분 더 늦음 = ...

보다 90분 더 빠름 = ...

시간

다음 여섯 개의 숫자를 기억해 두세요.

5 10 4 7 13 8

그리고 준비가 되면 숫자를 가리고 계속해서 다음 내용을 읽어 보세요.

여기 여러분이 외워둔 것과 같은 숫자가 있지만 순서가 다르게 나열되어 있고 새로운 숫자가 추가되었어요. 여러분이 방금 외운 6개가 아닌 숫자에 동그라미를 그릴 수 있나요?

4 5 6 7 8 10 13

다음 숫자 피라미드의 네모 칸은 바로 그 아래에 있는 두 네모 칸을 더한 것이에요.

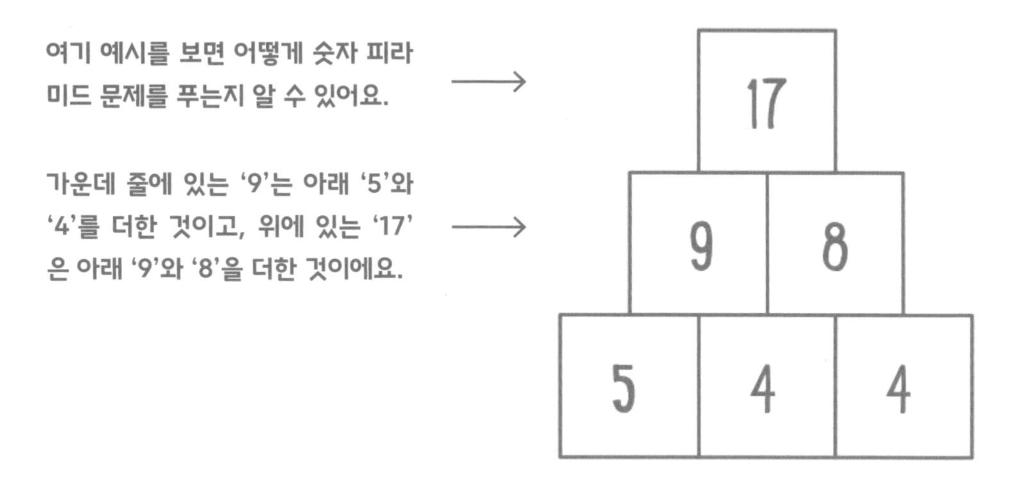

자, 여기 또 다른 피라미드가 있는데, 숫자 3개만 적혀 있어요. 메모하지 않고 별이 있는 곳에 어떤 숫자를 적어야 하는지 알아낼 수 있나요? 빈 네모 칸 안에 여러분이 생각하는 답을 적으세요.

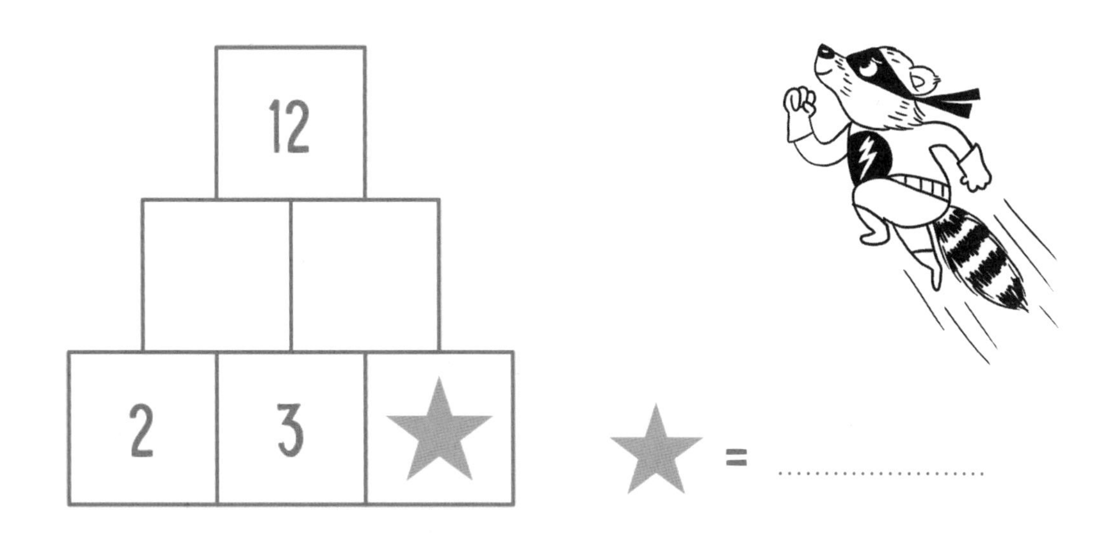

슈퍼히어로가 숫자를 잃어버렸어요! 여러분이 슈퍼히어로를 도와 없어진 숫자를 찾아볼 수 있나요? 아래의 계산식에는 모두 같은 숫자가 사라졌는데, 사라진 숫자는 '1'과 '9' 사이에 있어요. 만약 여러분이 각 빈칸에 해당하는 숫자를 찾아 적으면 다음의 모든 계산식은 같은 결과가 나올 거예요. 메모를 하지 않고 이 문제를 푼 후 답을 써보세요.

$$\dots\dots + 10 + 2 = ?$$

$$3 \times \dots\dots = ?$$

$$\dots\dots \times 2 + 6 = ?$$

$$25 - 13 + \dots\dots = ?$$

$$5 \times \dots\dots \div 2 + 3 = ?$$

슈퍼히어로의 벨트, 장갑, 헬멧은 각각 다른 숫자를 나타내요. 여러분은 다음 계산을 보고 벨트와 장갑이 어떤 숫자를 나타내는지 알 수 있나요?

+ = 6

+ = 15

= 10

이곳에 여러분이 생각하는 정답을 적어 보세요.

= .... = ...

시간

다음 다섯 개의 숫자를 외워 보세요.

12 8 50 5 100

다 외웠다면 숫자를 가리고 아래의 공간에 다섯 개의 숫자를 써보도록 해요.

....

슈퍼히어로 동물들의 세계에는 다음과 같은 6개의 지폐가 있어요.

메모를 하지 않고 다음 질문에 답할 수 있는지 확인해 보세요. 그리고 빈칸에 여러분이 생각하는 답을 적어 보세요.

1) 여러분에게는 지금 슈퍼히어로 지폐가 4장 있어요. 총합이 56b라면 그 4장의 지폐는 어떤 것일까요?

정답: ....

2) 여러분에게는 총합이 144b인 지폐가 있어요. 이 지폐로 만들 수 있는 가장 작은 수는 얼마인가요?

정답: ....

3) 여러분은 50b짜리 지폐 3장을 사용해서 값이 101b인 물건을 사려고 해요. 여러분이 받는 잔돈이 5개의 지폐로 되어 있다면 그 5개의 지폐는 무엇일까요?

정답: ....

시간

아래의 그림에서 몇 개의 삼각형을 찾을 수 있나요? 하나 이상의 삼각형에서 같은 선을 사용하고 있으니 조심하세요! 답을 생각해낸 후 아래에 적어 보세요.

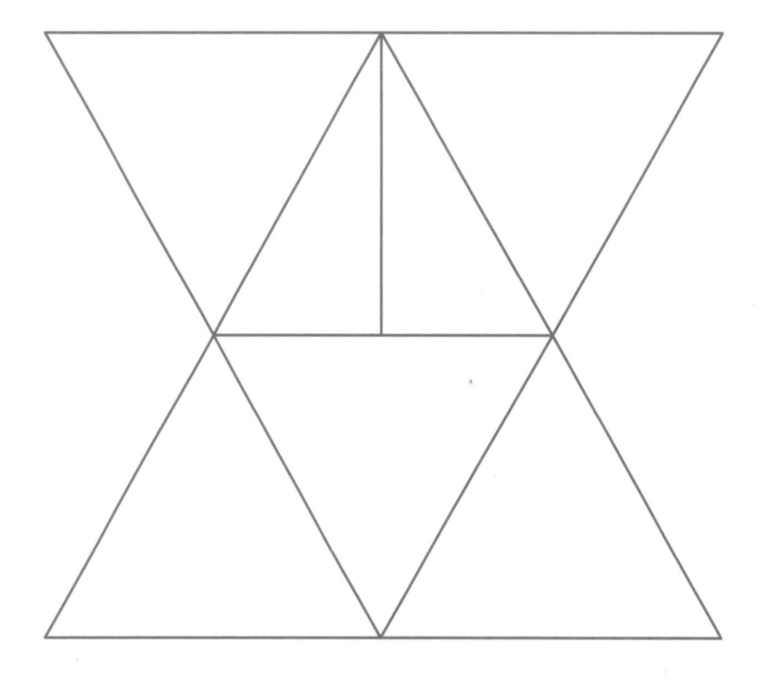

삼각형 개수: ....

시간

아래의 퍼즐에서 다음의 계산식과 그에 맞는 정확한 답이 어디에 있는지 찾을 수 있나요? 두 자릿수 이상의 숫자일 경우 퍼즐에서 두 칸에 걸쳐 적혀 있어요. 어떤 계산은 거꾸로 쓰여 있을 수도 있고, 여러분을 헷갈리게 하려고 만든 틀린 답이 있을 수도 있으니 조심하세요!

$3 \times 5 = ?$

$19 + 13 = ?$

$28 - 12 = ?$

$7 \times 4 = ?$

$15 + 25 = ?$

4	0	5	5	1	1	8	0	2	3
2	2	3	9	1	2	1	4	3	×
=	1	1	=	=	1	1	=	=	5
4	4	9	4	5	=	1	5	3	=
×	2	×	+	2	2	1	2	1	1
7	7	1	1	1	=	+	+	+	2
+	-	-	5	5	3	=	5	9	2
5	8	=	×	4	4	=	1	1	3
2	-	3	5	2	-	+	4	2	5
1	6	1	=	2	1	-	8	2	1

시간

여러분은 다음 숫자에서 어떤 규칙이 있는지 알아낼 수 있나요? 빈칸에 여러분이 생각하는 답을 적어 보세요.

예시를 들어 볼게요.

39 35 31 27 23 19 15 ← 규칙: 4씩 줄어요.

1) 2 3 5 8 13 21 34

규칙: ……………………………………

2) 144 121 100 81 64 49 36

규칙: ……………………………………

3) 2 4 8 16 32 64 128

규칙: ……………………………………

4) 13 15 18 22 27 33 40

규칙: ……………………………………

이번에는 암산 문제예요. 우선 다음의 세 숫자를 외워 보세요.

8 11 15

준비가 되면 숫자를 가리고 계속해서 다음 내용을 읽으세요.

자, 다음 숫자에서 여러분이 방금 외운 숫자 중 두 개를 더한 결과는 어느 것인가요? 여러분이 생각하는 답에 동그라미를 그려 보세요.

14 17 21 23

시간

다음은 두 가지 계산 방식을 나타내고 있어요. 대부분은 왼쪽의 계산 결과가 오른쪽의 계산 결과와 같아요. 그런데 어떤 두 곳은 왼쪽과 오른쪽의 계산 결과가 달라요. 여러분은 메모하지 않고 그 두 곳을 찾을 수 있나요? 찾게 된다면 동그라미를 그려 보세요!

5×3	$20 - 5$
9×10	$110 - 20$
5×7	3×12
$4 + 24$	7×4
$19 + 19$	$15 + 23$
$15 + 23$	$44 - 8$
6×6	$27 + 9$
$90 \div 9$	$40 - 30$

슈퍼히어로들의 방패에는 숫자가 적혀 있어요.

아래의 각 합계를 만들기 위해서는 어떤 방패를 골라야 할까요? 빈칸에 여러분이 생각하는 답을 적어 보세요.

예시를 들어볼게요.

18 = 8, 10

1) 21 =

2) 32 =

3) 37 =

4) 44 =

여러분은 다음의 시간을 계산할 수 있나요? 메모를 하지 않고 이 문제를 풀어 보세요.

1) 내가 어제 깨어 있던 시간은 15시간이야. 정확히 내가 깨어 있던 시간의 절반이 지난 후 난 점심을 먹었고, 점심 먹은 지 2시간 후에는 간식을 먹었어. 간식을 먹은 시각은 4시야. 그렇다면 나는 어제 몇 시에 일어났을까?

정답: ....

2) 그저께의 다음날은 목요일이야. 그렇다면 오늘은 무슨 요일일까?

정답: ....

3) 나라마다 시간이 다르기 때문에, 만약 런던이 오후 12시라면 뉴욕은 아침 7시야. 지금 뉴욕이 오후 3시라면 런던은 몇 시일까?

정답: ....

시간

이 정육면체는 4×4×4 배열로, 64개의 작은 정육면체로 이루어져 있어요.

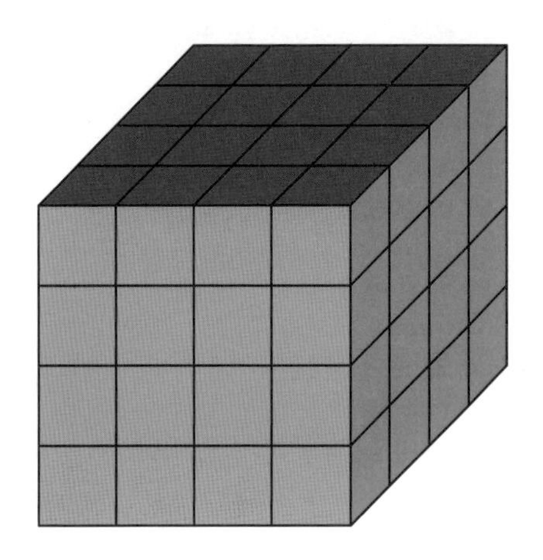

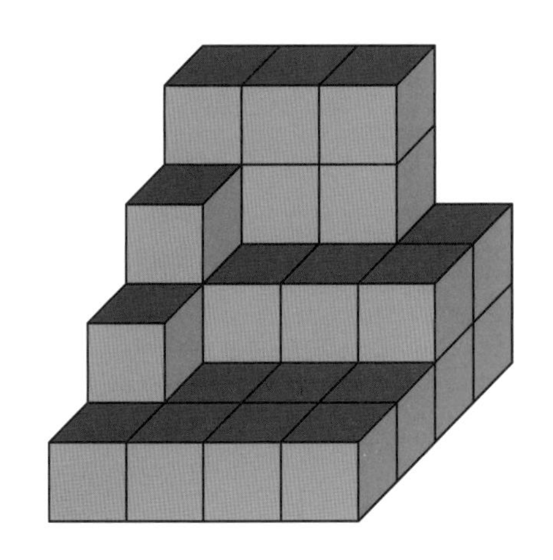

그런데 다음 그림과 같이 정육면체의 일부가 사라져버렸어요! 남은 정육면체의 개수를 세어 보고 없어진 부분이 얼마나 되는지 알아낼 수 있나요? 정육면체 중 어느 것도 떠다니는 것은 없기 때문에 만약 여러분이 가장 위층의 정육면체를 본다면 그 밑에 있는 정육면체들도 모두 그 자리에 그대로 있다는 것을 알 수 있어요. 답을 찾으면 아래 빈 공간에 적어 보세요!

힌트

▶ 각 층에 있는 정육면체의 개수를 세어 보세요. 예를 들어, 아래층에는 정육면체가 몇 개 있는지 세어 보고, 그런 다음 각 층에 있는 정육면체의 개수를 모두 더하여 합계를 구해 보세요.

모두 .... 개의 정육면체가 있어요.

슈퍼히어로 오징어가 모두 10개의 숫자를 들고 있어요. 그런데 어느 한 숫자는 여기에 어울리지 않아요! 그 숫자가 뭔지 알아낼 수 있나요?
여러분은 다음 4가지 사실을 알고 있어요.

- 다음 숫자 중 3개는 어떤 수의 배수예요.
- 다음 숫자 중 3개는 다른 수의 배수예요.
- 다음 숫자 중 3개는 또 다른 수의 배수예요.
- 다음 숫자 중 1개는 위의 어떤 것에도 해당하지 않아요.

여러분은 메모하지 않고 어울리지 않는 숫자 하나를 찾아 동그라미를 그릴 수 있나요?

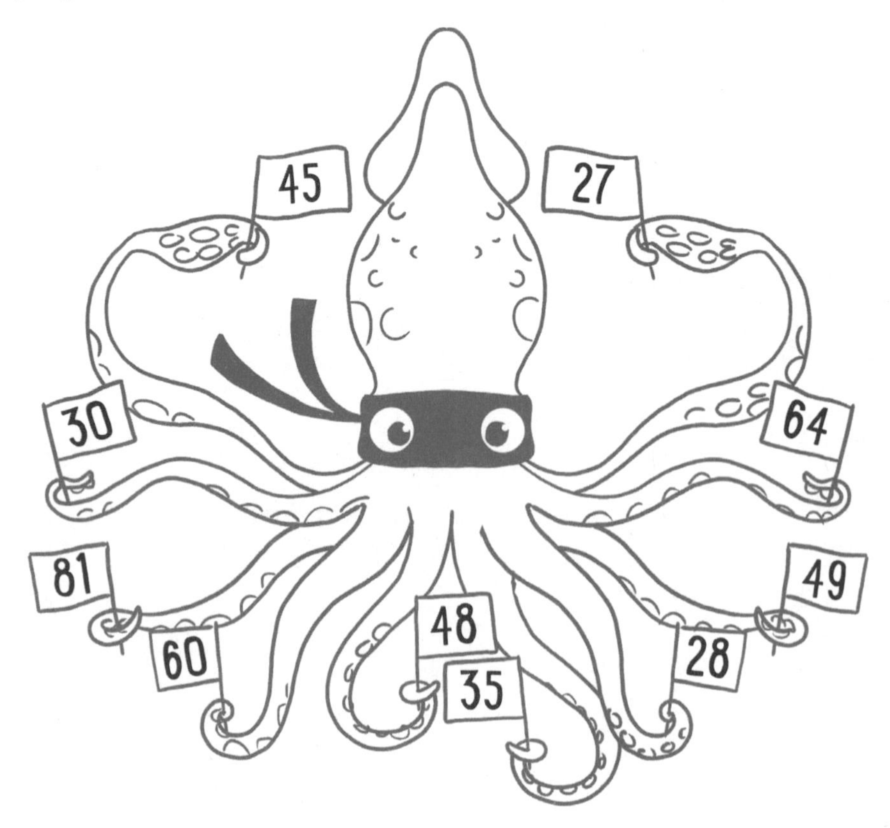

다음 질문에 대한 답을 어떤 메모도 하지 않고 구할 수 있는지 알아보세요.

1) 친구가 파티에 초대했는데, 여기에 있는 모든 사람에게 아이스크림을 사준다고 해요. 파티에는 총 12명이 왔어요. 하지만 이들 중 1/4은 아이스크림을 먹고 싶어 하지 않아요. 과연 몇 명이 아이스크림을 먹게 될까요?

정답: ……………………………………………………………………

2) 매일 사과 2개와 바나나 1개를 먹고, 일주일에 3일은 오렌지를 1개 먹어요. 그렇다면 나는 매주 몇 개의 과일을 먹을까요?

정답: ……………………………………………………………………

미니 슈퍼히어로들이 과일 바구니를 들고 있네요. 바구니에는 바나나, 파인애플, 오렌지가 가득 들어 있어요. 머릿속에서 종류별로 과일이 몇 개인지를 세어 보고, 다음 페이지에 있는 질문에 답해 보세요.

시간

1) 어떤 과일이 가장 많이 있나요?

정답: ....

2) 어떤 과일이 가장 적게 있나요?

정답: ....

숫자 띠를 따라 내려가면서 메모하지 않고도 계산 결과를 알아낼 수 있나요? 숫자 띠에서 첫 번째 번호부터 화살표 방향으로 차례대로 계산해 보세요. 숫자 띠의 끝에 다다르면 빈 공간에 여러분이 생각하는 답을 적으세요.

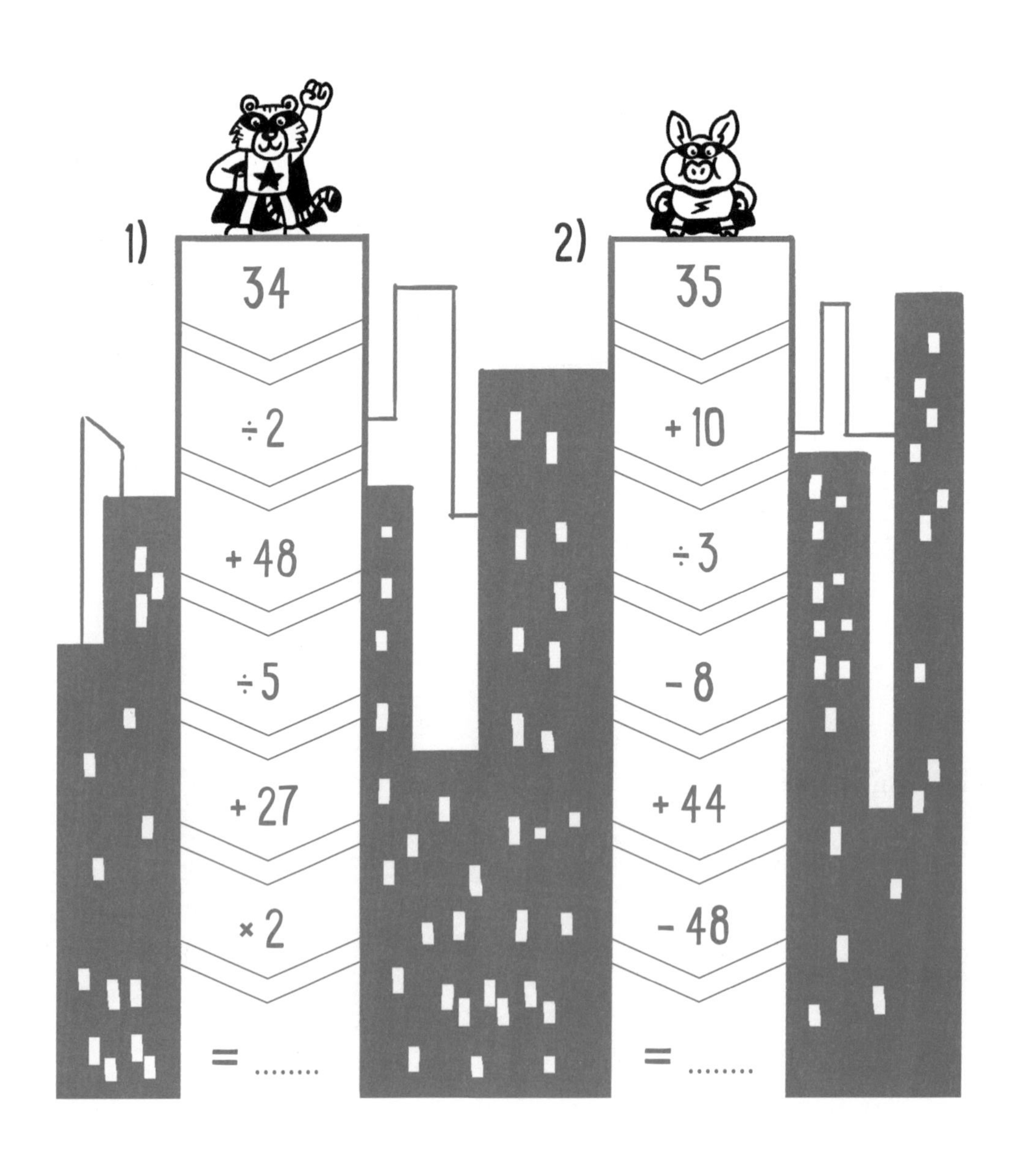

시간

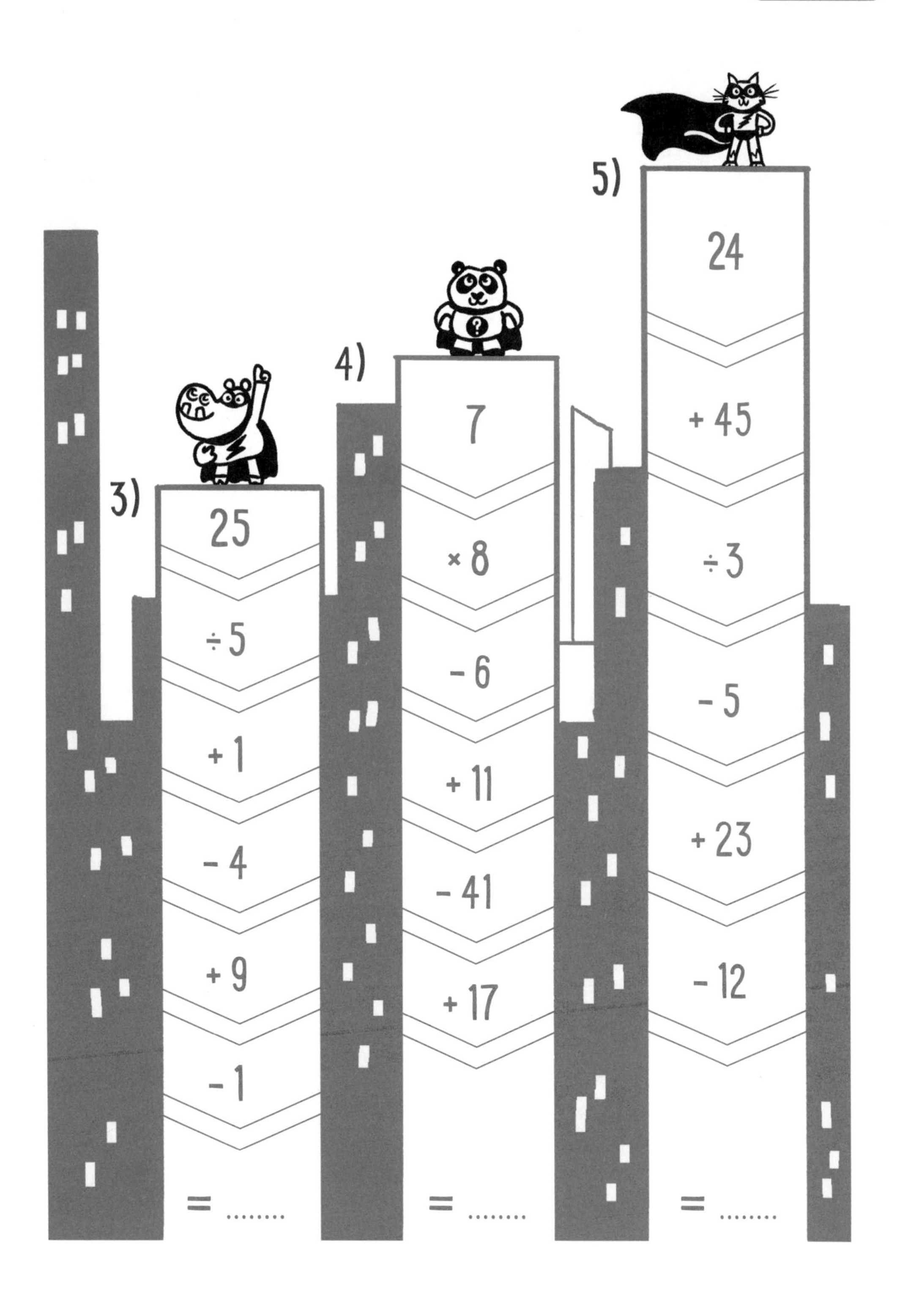

시간

다음의 숫자 7개를 보고 순서대로 외워 보세요.

3 34 97 2 50 66 81

그리고 다 외웠다면 숫자를 가리고 다음 내용을 계속해서 읽어 보세요.

여기 같은 7개의 숫자가 있지만 다른 순서로 나열되어 있어요. 여러분은 숫자 아래에 'ㄱ'부터 'ㅅ'까지 쓸 수 있나요? 'ㄱ'은 가장 첫 번째 숫자, 'ㄴ'은 두 번째 숫자… 그리고 'ㅅ'은 마지막 숫자를 뜻해요.

2 3 34 50 66 81 97

시간

다음 숫자가 적힌 줄에는 규칙이 있고, 숫자가 하나씩 빠져있어요. 빠진 숫자가 무엇인지, 그리고 왜 그 숫자가 빠졌는지 알아낼 수 있나요? 빈 공간에 여러분이 생각하는 답을 적으세요.

어떻게 풀어야 하는지 예시를 들어 볼게요.

2 4 6 8 12 14 ← 답: 숫자 10이 빠져 있어요.
이유: 2씩 더 커지기 때문이에요.

1) 73 70 67 64 61 55

답: 숫자 ....이/가 빠져 있어요.

이유: ....

2) 6 12 15 18 21 24

답: 숫자 ....이/가 빠져 있어요.

이유: ....

3) 19 26 40 47 54 61

답: 숫자 ....이/가 빠져 있어요.

이유: ....

시간

숫자는 다음과 같이 네 개예요.

1 2 5 10

그리고 수학 기호는 세 개예요.

+ + ×

메모를 하지 않고 모든 숫자와 기호를 특정한 순서대로 사용하여 아래의 숫자가 나올 수 있도록 하는 수학 계산을 해 보세요. 그리고 빈칸에 여러분이 생각하는 답을 적어 보세요.

문제를 어떻게 푸는지 다음의 예시로 보여줄게요. 숫자 네 개와 기호 세 개를 한 번씩 사용하는 방법을 알아봐요.

$$17 = 10 \times 1 + 5 + 2$$

1) 53 = ...

2) 26 = ...

3) 21 = ...

아래의 퍼즐에서 다음의 계산식과 그에 맞는 정확한 답이 어디에 있는지 찾을 수 있나요? 두 자릿수 이상의 숫자일 경우 퍼즐에서 두 칸에 걸쳐 적혀 있어요. 어떤 계산은 거꾸로 쓰여 있을 수도 있고, 여러분을 헷갈리게 하려고 만든 틀린 답이 있을 수도 있으니 조심하세요!

$18 + 2 = ?$

$35 - 25 = ?$

$5 \times 8 = ?$

$110 \div 10 = ?$

$96 \div 12 = ?$

1	1	8	+	2	=	2	2	0	÷
5	3	5	-	2	5	=	1	5	2
1	1	0	÷	1	0	=	1	1	3
0	0	1	1	1	0	9	9	5	0
×	8	0	×	1	=	6	-	4	8
2	2	5	÷	2	÷	2	=	×	1
3	5	0	1	1	5	8	-	9	8
5	1	÷	2	=	×	8	2	1	5
1	6	=	1	5	×	8	=	3	5
9	8	0	2	=	2	+	8	1	1

시간

알파벳은 다음과 같이 숫자를 나타내요.

C=3 D=4 E=5 F=6 G=7 H=8

이제 아래 문제의 답을 구할 때까지 메모를 하지 않고 여러분의 머릿속에서만 계산해 보세요. 첫 번째 글자에서 시작해 왼쪽에서 오른쪽으로 차례대로 문제를 풀어 보세요. 답을 쓸 때 글자도 함께 적어 보도록 해요.

1) C + G − H × D = …………

2) H − E × C − D = …………

3) E × G − G ÷ G = …………

여러분은 선을 그리지 않고 아래의 미로를 통과해서 슈퍼히어로를 도울 수 있나요? 지나가는 도중에 나오는 숫자의 수를 세고 마지막에는 그 수를 모두 더한 값을 적어 보세요.

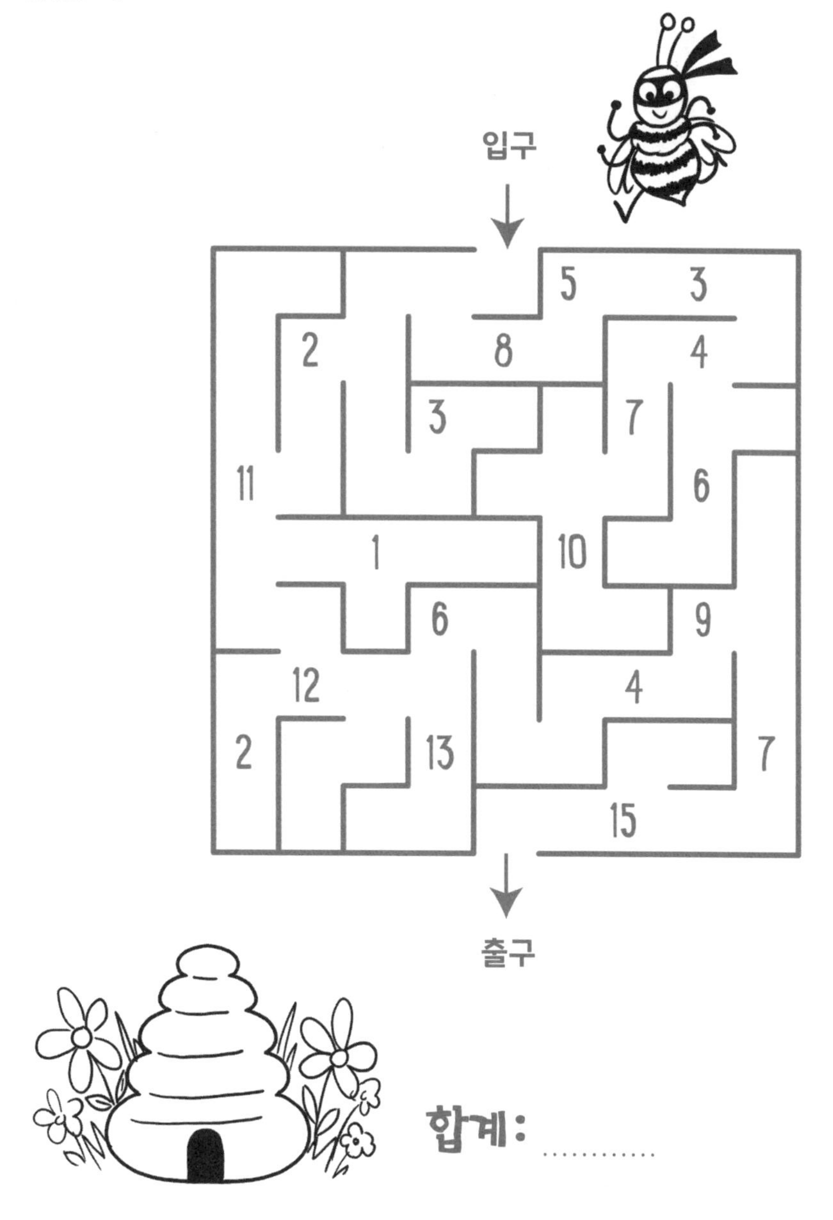

합계: ....

여러분은 슈퍼히어로를 도와 없어진 숫자를 찾아볼 수 있나요? 아래의 계산식에는 모두 같은 숫자가 없어졌는데, 사라진 숫자는 '1'과 '9' 사이에 있어요! 만약 여러분이 빈칸에 해당하는 숫자를 찾아 적으면 다음의 모든 계산식은 같은 결과가 나올 거예요. 메모를 하지 않고 이 문제를 푼 후 답을 써보세요.

.... × .... = ?

5 × .... + 14 = ?

30 + 25 + ... - 13 = ?

8 × .... - 7 = ?

.... × 9 - 14 = ?

아래 그림에는 작은 동물 슈퍼히어로들이 있어요. 쥐, 딱정벌레, 새들이 모두 시소를 타며 놀고 있네요.
동물 슈퍼히어로들이 균형을 이루는 모습을 잘 관찰하여 누가 가장 무겁고 누가 가장 가벼운지 알아내 볼까요?

가장 무거운 슈퍼히어로: ....

가장 가벼운 슈퍼히어로: ....

슈퍼히어로 7명에게는 계산식이 적혀 있고 그 결과는 모두 달라요. 여러분은 결과가 가장 적은 값에서 가장 높은 값까지 순서대로 나열할 수 있나요? 순서를 정했으면 각 계산 결과와 함께 'ㄱ'부터 'ㅅ'까지의 글자를 슈퍼히어로 옆 빈칸에 적어 보세요. 'ㄱ'은 가장 적은 값이고, 'ㅅ'은 가장 높은 값이에요. 메모를 하지 않도록 주의하세요!

시간

8 × 4
19 + 15
23 - 7
6 + 8 + 5

다음 계산식에서 숫자 하나를 삭제해 정확한 계산식을 만들어 보세요.

예시를 들어볼게요.

$$14 \times 23 = 42$$

여기서 숫자 '2'를 삭제하면 '14 × 3 = 42'라는 옳은 계산식이 돼요.

자, 그럼 다음 세 문제를 풀어 보세요. 숫자 하나를 삭제해 계산을 올바르게 만들어 보세요!

1) $101 \times 10 = 110$

2) $13 \times 4 \times 12 = 144$

3) $50 + 41 + 32 = 78$

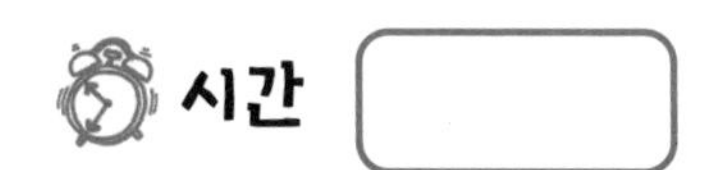

징검다리처럼 생긴 다음 도형들을 자세히 보세요. 도형의 면이 모두 몇 개인지 알 수 있나요? 메모를 하지 않고 총 개수를 구하여 페이지 아래의 빈칸에 답을 적어 보세요.

모두 .... 개의 면이 있어요.

시간

이번 문제는 단순히 점과 점을 연결해서 푸는 문제가 아니에요. 우선 여러분은 어떤 숫자 5개가 같은 배수인지 알아내야 해요. 정확히 5개의 숫자가 있어야 해요! 그렇다면 여러분은 점을 잇지 않고도 연결된 점들이 무슨 모양인지 맞힐 수 있나요?
페이지 아래쪽의 빈칸에 여러분이 생각하는 답을 적어 두고, 점을 연결하여 여러분이 쓴 답이 맞는지 알아보세요.

............모양이에요.

시간

이번 수학 문제는 조금 어려울 수 있어요! 다음 계산에 대한 답을 구한 후 메모를 하지 않고 합계를 알아내 보세요. 그렇게 하려면 다음과 같은 계산을 할 때 각 계산의 총합을 기억해 두는 게 좋을 거예요.

예를 들어, 만약 세 가지 계산이 있고 그 총합이 3, 14, 8이라면 여러분은 이것을 합쳐서 25를 만들 수 있어요.

$$3 + 5 + 2$$

$$4 + 2 + 4$$

$$4 \times 3$$

$$14 - 7$$

$$2 \times 3 \times 3$$

여기 여러분이 생각하는 총합을 써보세요: ....

시간

다음은 두 가지 계산 방식을 나타내고 있어요. 대부분은 왼쪽의 계산 결과가 오른쪽의 계산 결과와 같아요. 그런데 어떤 두 곳은 왼쪽과 오른쪽의 계산 결과가 달라요. 여러분은 메모하지 않고 그 두 곳을 찾을 수 있나요? 찾게 된다면 동그라미를 그려 보세요!

7×3 $15 + 6$

$99 \div 9$ $22 - 10$

$55 + 44$ $111 - 12$

$63 + 32$ $120 - 25$

$4 + 44$ 12×4

$77 - 55$ 2×11

$36 \div 12$ $9 - 5$

$30 + 25$ 11×5

정답

01

1)

12	16	20	24

= 숫자 4의 배수

2)

15	18	21	24

= 숫자 3의 배수

02

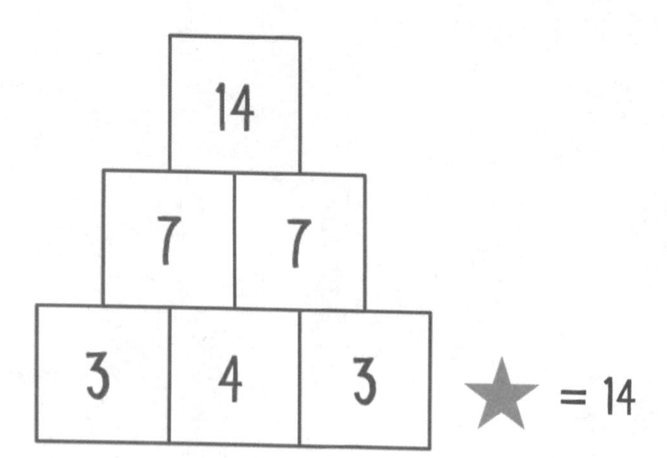

03

1) 20 3씩 더해요.

2) 28 2씩 빼요.

3) 27 4씩 더해요.

4) 20 10씩 빼요.

04

14 = 7 + 1 + 6

18 = 9 + 4 + 5

21 = 7 + 8 + 6

05

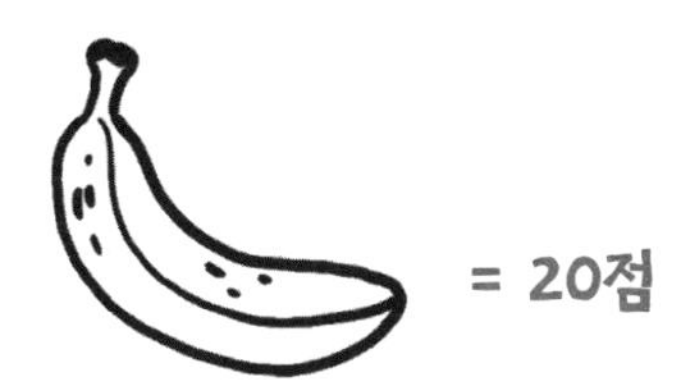

= 20점

정답

06

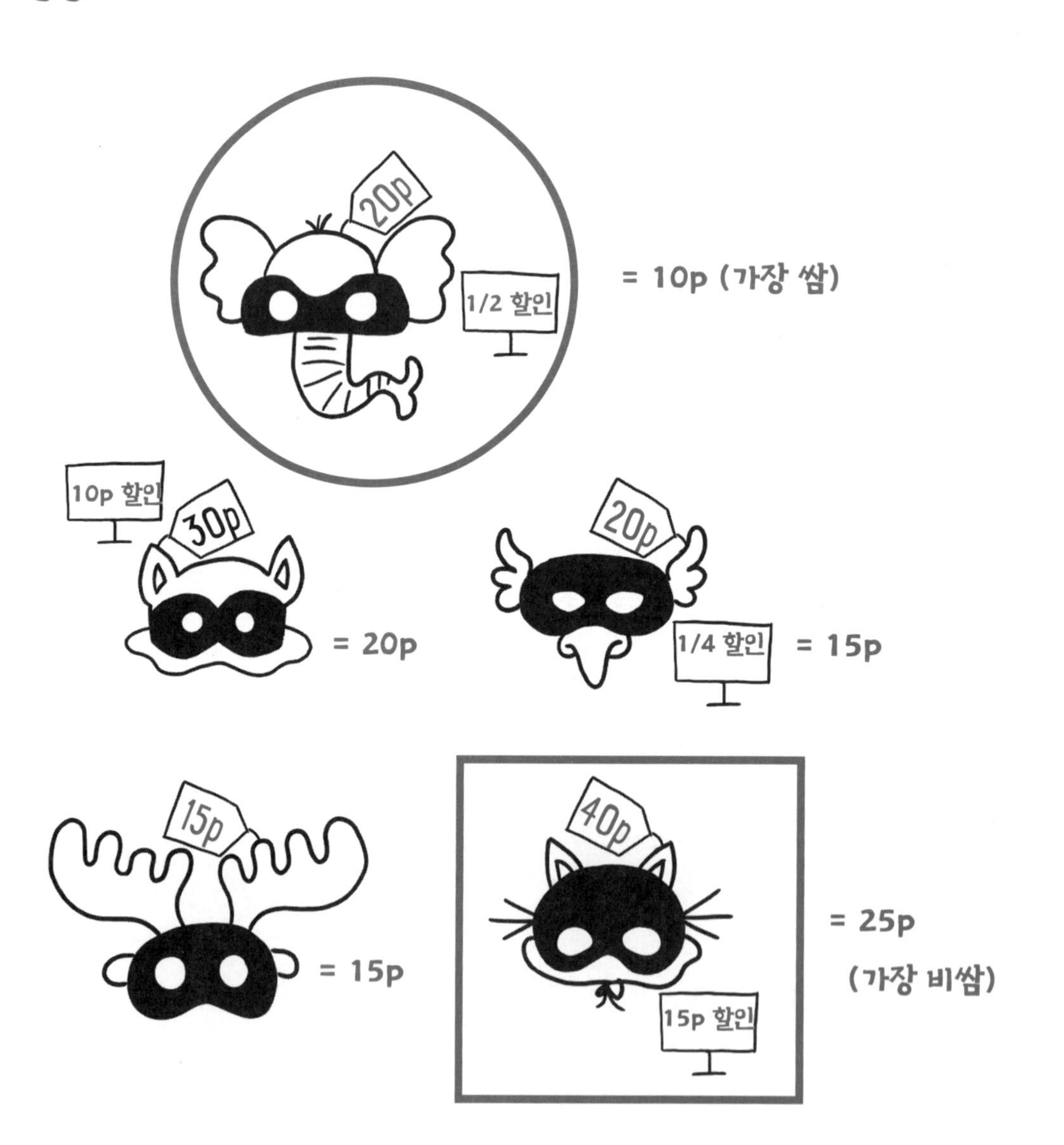
20p
1/2 할인
= 10p (가장 쌈)
10p 할인
30p
= 20p
20p
1/4 할인
= 15p
15p
= 15p
40p
15p 할인
= 25p
(가장 비쌈)

07

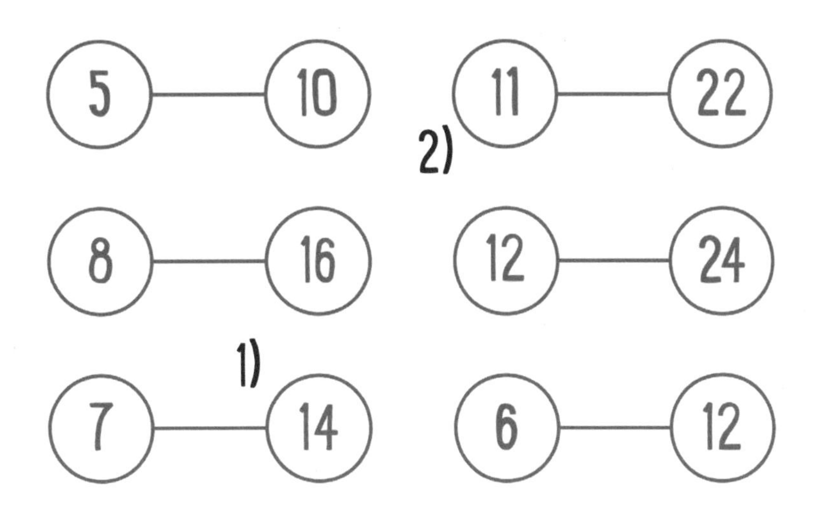

각 쌍의 두 번째 숫자는 첫 번째 숫자에 2를 곱한 값이에요.

08

15마리의 고양이가 있어요.

09

$3 + 5 = 8$

$4 \times 3 = 12$

$6 + 4 = 10$

$9 - 2 = 7$

$1 + 8 = 9$

3	1	=	5	=	2	-	9	1	=
1	6	1	=	3	×	4	6	4	=
8	2	1	+	9	4	-	9	0	1
6	2	5	+	4	=	6	+	+	+
×	=	1	=	8	-	4	8	4	3
7	×	=	=	3	=	=	+	+	+
×	0	9	1	3	1	9	5	6	=
×	4	3	×	0	×	=	5	8	6
7	=	2	-	9	8	4	1	5	6
7	9	6	+	4	=	1	0	1	×

10

1)	9	3	18	7	23	20
2)	11	66	33	15	45	25
3)	12	6	2	9	18	3
4)	11	3	33	24	4	17
5)	14	12	3	21	28	8

11

총 5개의 정사각형이 있어요.

12

29개의 정육면체가 있어요. 가장 위층에는 6개의 정육면체가 있고, 두 번째 층에는 11개, 마지막 층에는 12개가 있어요.

13

1) 3, 6, 9, 12, 15 규칙은 3씩 더하는 것이에요.

2) 4, 8, 12, 16, 20 규칙은 4씩 더하는 것이에요.

3) 41, 42, 43, 44, 45 규칙은 1씩 더하는 것이에요.

4) 5, 15, 25, 35, 45 규칙은 10씩 더하는 것이에요.

14

$2 + 3 = 5$	$7 - 2 = 5$
$14 + 7 = 21$	$3 \times 7 = 21$
$12 \times 2 = 24$	$8 \times 3 = 24$
$9 \times 3 = 27$	$20 + 5 = 25$
$7 + 17 = 24$	$3 \times 8 = 24$
$50 \div 5 = 10$	$2 \times 5 = 10$
$8 \times 6 = 48$	$40 + 6 = 46$
$17 + 5 = 22$	$25 - 3 = 22$

15

총 15개의 상자가 있고, 그 중 5개의 상자에는 장난감이 있어요. 이것을 분수로 나타내면 5/15의 상자에 장난감이 있어요. 간단하게 쓰면 1/3이 돼요.

16

1) ? = ×3

2) ? = ×5

17

총 27개의 면이 있어요.

18

15가 없어요. 이전 숫자보다 3씩 커요.

27이 없어요. 이전 숫자보다 2씩 작아요.

13이 없어요. 이전 숫자보다 3씩 커요.

19

5 9 14 20 40

20

$9 \times 1 = 9$

$14 \div 2 = 7$

$24 - 9 = 15$

$40 - 20 = 20$

$4 + 8 = 12$

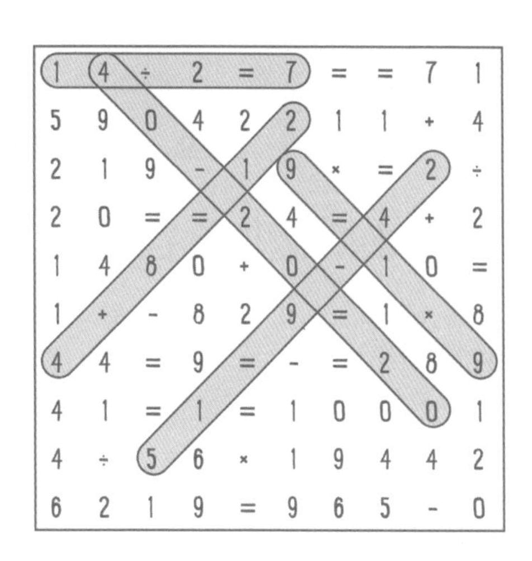

1	4	÷	2	=	7	=	=	7	1
5	9	0	4	2	2	1	1	+	4
2	1	9	-	1	9	×	=	2	÷
2	0	=	=	2	4	=	4	+	2
1	4	8	0	+	0	-	1	0	=
1	+	-	8	2	9	=	1	×	8
4	4	=	9	=	-	=	2	8	9
4	1	=	1	=	1	0	0	0	1
4	÷	5	6	×	1	9	4	4	2
6	2	1	9	=	9	6	5	-	0

21

1) $58 = 5 \times 10 + 8$

2) $50 = 5 \times 8 + 10$

22

1) 6 = 2, 4

2) 10 = 2, 8

3) 20 = 4, 7, 9

4) 26 = 2, 7, 8, 9

23

1) 2 3 4 6 8 9 10 12 14

(2의 배수와 3의 배수로 이루어져 있어요.)

2) 4 5 8 10 12 15 16 20 24

(4의 배수와 5의 배수로 이루어져 있어요.)

3) 3 6 7 9 12 14 15 18 21

(3의 배수와 7의 배수로 이루어져 있어요.)

24

8 12 14 (19)

14 = 5 + 9

25

1) 1 3 5 7 8 9 11 13

숫자 8을 지워야 해요. 2씩 커지고 있어요.

2) 1 5 2 6 3 7 4 5

마지막 숫자 5를 지워야 해요. +4, −3, +4, −3, +4, −4, +4가 연속되고 있어요.

3) 1+8 7+2 3+5 5+4 6+3 2+7 8+1 4+5

3+5를 지워야 해요. 다른 모든 숫자를 더한 값은 9가 돼요.

4) 99 87 75 63 51 41 39 27

숫자 41을 지워야 해요. 12씩 작아지고 있어요.

5) 12×3 6×6 3×12 4×9 5×7 1×36 9×4 18×2

5×7을 지워야 해요. 다른 모든 숫자를 곱한 값은 36이 돼요.

26

1)	20	10	22	2	6	3
2)	9	3	15	5	21	6
3)	12	19	5	45	62	51
4)	12	10	26	13	25	21
5)	16	4	22	2	14	13

27

삼각형 모양이에요.

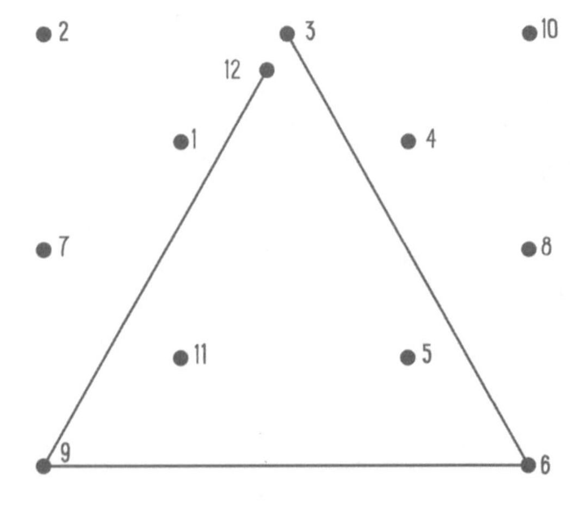

28

가장 무거운 동물 슈퍼히어로는 코끼리이고, 가장 가벼운 동물 슈퍼히어로는 코뿔소예요.

29

정답1: 15마리의 고양이가 있어요. 큰 고양이 5마리와 새끼 고양이 10마리를 더했어요.

정답2: 9개의 사과가 있어요. 처음에 18개의 사과가 있었고 그 중 반(9개)을 먹었어요.

30

1) 숫자가 11씩 감소해요.

2) 숫자가 10씩 커지고 10씩 작아지는 규칙을 반복해요.

3) '1' 한 개, '2' 두 개, '3' 세 개, '4' 네 개…예요.

4) 숫자가 12씩 커져요.

31

18개의 카드가 있어요.

32

2 3 4 6 7 8 9

나열된 숫자 중 8은 없었어요.

33

정답1: 동전은 50, 50, 5, 2, 1이에요.

정답2: 동전은 50, 10, 10, 5예요.

정답3: 33c를 잔돈으로 받았으니 10, 10, 10, 1, 1, 1 또는 10, 10, 5, 5, 2, 1을 받을 수 있어요.

34

1)

25	30	35	40

= 5의 배수

2)

36	45	54	63

= 9의 배수

3)

24	27	30	33

= 3의 배수

35

5	17	30	82	99
ㄱ	ㄷ	ㅁ	ㄴ	ㄹ

36

15 = 2 + 6 + 7

26 = 10 + 12 + 4

30 = 11 + 12 + 7

37

정답1: 2:30pm

정답2: 5:30pm

정답3: 토요일

38

1) ㄹ (4)

2) ㅂ (6)

3) ㄹ (4)

39

$1 + 3 = 4$	$5 - 1 = 4$
$6 \times 2 = 12$	$15 - 3 = 12$
$9 \times 4 = 36$	$30 + 6 = 36$
$5 \times 3 = 15$	$18 - 2 = 16$
$7 + 7 = 14$	$14 \times 1 = 14$
$20 - 10 = 10$	$2 \times 5 = 10$
$13 + 5 = 18$	$12 + 6 = 18$
$18 - 12 = 6$	$4 \times 2 = 8$

40

41

어울리지 않는 숫자는 44예요.

3개의 배수는 다음과 같아요.

3의 배수: 18, 27, 36

5의 배수: 10, 20, 55

7의 배수: 14, 49, 56

정답

42

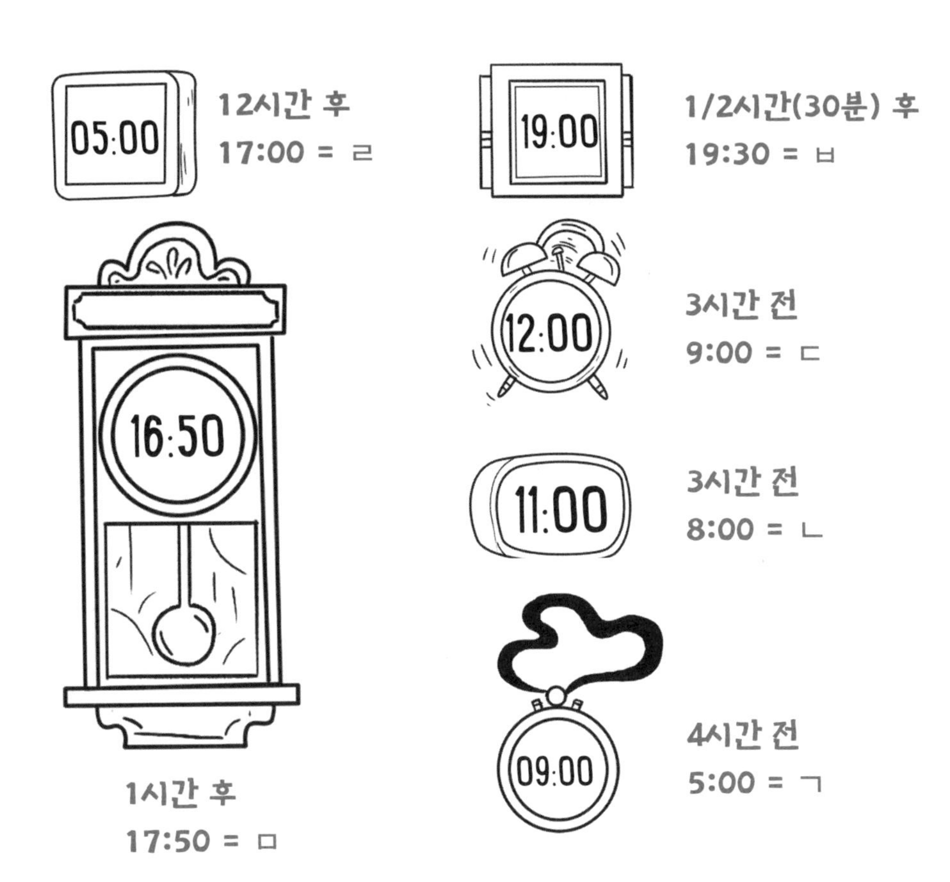
05:00
12시간 후
17:00 = ㄹ
19:00
1/2시간(30분) 후
19:30 = ㅂ
12:00
3시간 전
9:00 = ㄷ
16:50
11:00
3시간 전
8:00 = ㄴ
09:00
4시간 전
5:00 = ㄱ
1시간 후
17:50 = ㅁ

43

1)	10	6	18	2	3	36
2)	13	65	49	62	58	78
3)	14	2	12	3	5	55
4)	15	3	9	25	5	22
5)	9	54	43	51	37	55

44

1) 12 × 2~~6~~ = 24 (12 x 2 = 24)
2) 11 + 31 + 5~~1~~ = 47 (11 + 31 + 5 = 47)
3) 1~~0~~ × 7 × 7 = 49 (1 × 7 × 7 = 49)

45

$3 + 4 = 7$

$5 + 2 = 7$

$3 \times 3 = 9$

$8 \div 2 = 4$

$7 - 4 = 3$

합계 $= 30$

46

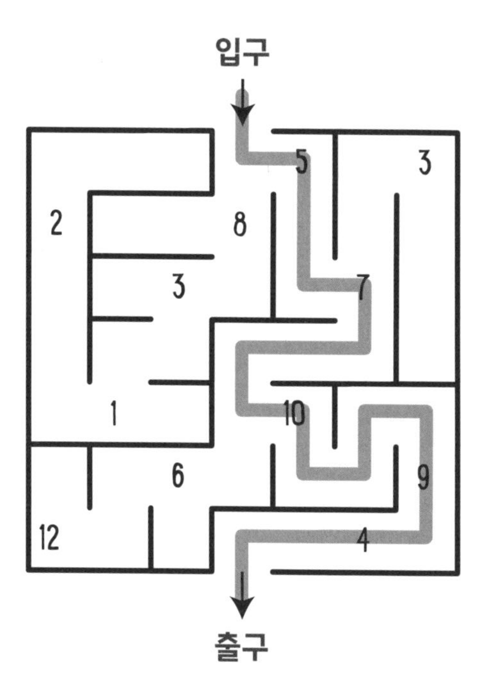

합계 : 35

47

$3 \times 4 = 12$ (ㄴ)

$13 + 5 = 18$ (ㄷ)

$40 \div 5 = 8$ (ㄱ)

$9 \times 3 = 27$ (ㄹ)

$5 \times 7 = 35$ (ㅂ)

$14 + 18 = 32$ (ㅁ)

$8 \times 5 = 40$ (ㅅ)

48

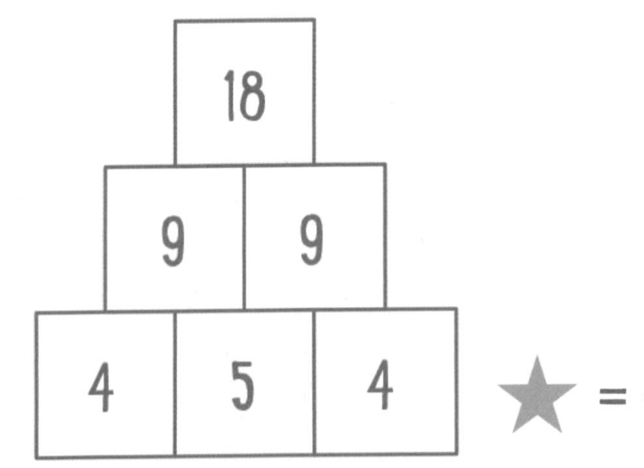

49

1) 11, 14, 17, 20, 23 규칙은 3씩 더하는 것이에요.

2) 25, 34, 43, 52, 61 규칙은 9씩 더하는 것이에요.

3) 55, 59, 63, 67, 71 규칙은 4씩 더하는 것이에요.

4) 44, 50, 56, 62, 68 규칙은 6씩 더하는 것이에요.

50

슈퍼히어로는 모두 24명이며 그들 중 6명은 가면을 쓰고 있지 않아요. 이것을 분수로 나타내면 6/24이고, 간단하게 하면 1/4이 돼요.

51

5 8 (5) 9 3 (3) 5

52

1) 9 = 3, 6

2) 15 = 3, 4, 8

3) 20 = 4, 6, 10

4) 25 = 3, 4, 8, 10

53

총 26개의 정육면체가 있어요. 맨 위층에는 5개, 두 번째 층에는 9개, 가장 아래층에는 12개가 있어요.

54

1) ? = × 2 - 1

2) ? = × 3 + 1

55

9 13 32 44 65 107

ㄷ ㄱ ㅁ ㄴ ㅂ ㄹ

56

1) 6, 10, 14, 18, 22, 26, 30 규칙은 4씩 더하는 것이에요.

2) 17, 23, 29, 35, 41, 47, 53 규칙은 6씩 더하는 것이에요.

3) 19, 27, 35, 43, 51, 59, 67 규칙은 8씩 더하는 것이에요.

4) 2, 14, 26, 38, 50, 62, 74 규칙은 12씩 더하는 것이에요.

5) 110. 98, 88, 77, 66, 55, 44 규칙은 11씩 빼는 것이에요.

57

1) 25 ÷ 2 = 12 나머지는 1

2) 48 ÷ 7 = 6 나머지는 6

3) 58 ÷ 9 = 6 나머지는 4

4) 67 ÷ 8 = 8 나머지는 3

58

14 (16) 18 20

16 = 7 + 9

59

정답1: 식기는 총 14개예요. 접시 옆에 식기가 3개씩 있으니 총 12가 되고 추가로 2개가 더 있어요.

정답2: 사람과 개를 모두 세면 총 18이에요. 개 7마리와 사람 7명이 있고, 사람 4명이 더 있어요.

60

15	20	26	34	30
11	25	21	29	25
7	22	17	24	21
32	27	23	19	26
27	23	19	24	31

61

탈것은 총 25개가 있어요.

62

1) 2 5 7 8 11 14 17

숫자 7을 지워야 해요. 3씩 커져요.

2) 5×8 4×9 10+30 10×4 20×2 1×40 60-20 8×5

4×9를 지워야 해요. 모두 계산하면 값이 40이에요.

3) 24 4 5 16 8 20 12 10

숫자 5를 지워야 해요. 모두 짝수(2의 배수)예요.

4) 11 24 37 45 50 63 76 89

숫자 45를 지워야 해요. 13씩 증가해요.

5) 84 52 21 63 14 70 35 42

숫자 52를 지워야 해요. 나머지 다른 숫자는 모두 7의 배수예요.

63

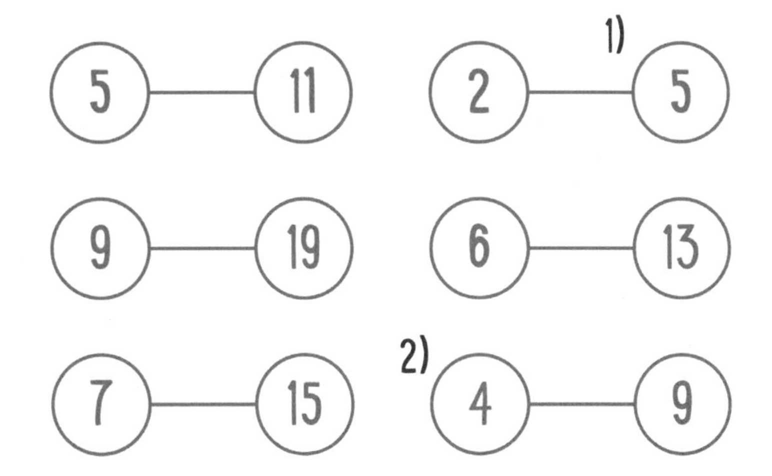

1), 2) 각 쌍의 두 번째 숫자는 첫 번째 숫자에 2를 곱한 다음 1을 더하면 돼요.

64

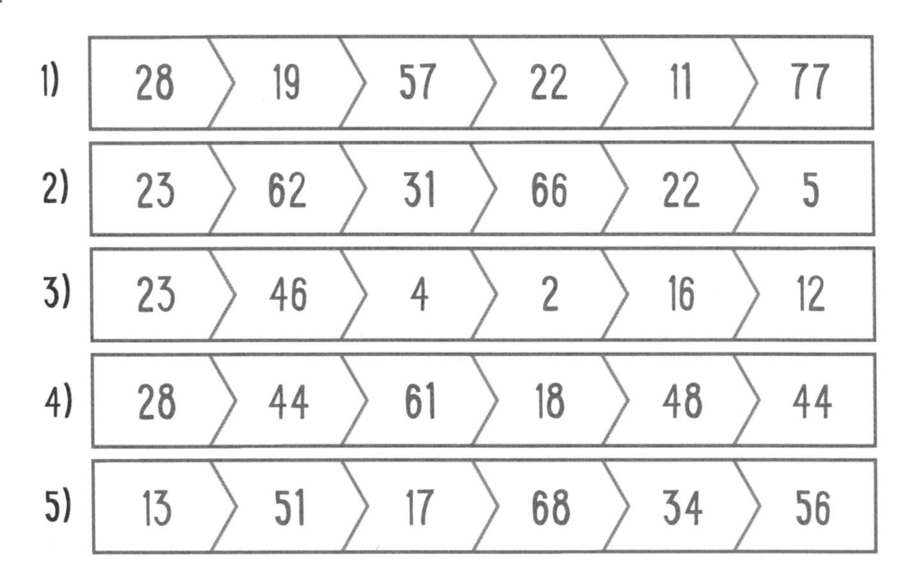

1)	28	19	57	22	11	77
2)	23	62	31	66	22	5
3)	23	46	4	2	16	12
4)	28	44	61	18	48	44
5)	13	51	17	68	34	56

65

$18 = 1 \times 3 \times 6$

$42 = 7 \times 3 \times 2$

$84 = 7 \times 3 \times 4$

66

5 x 2 = 10	15 - 5 = 10
7 x 7 = 49	5 x 9 = 45
3 + 12 = 15	5 x 3 = 15
6 + 6 = 12	7 + 5 = 12
9 x 9 = 81	90 - 9 = 81
5 x 5 = 25	40 - 15 = 25
7 + 32 = 39	47 - 9 = 38
8 x 3 = 24	2 x 12 = 24

정답

67

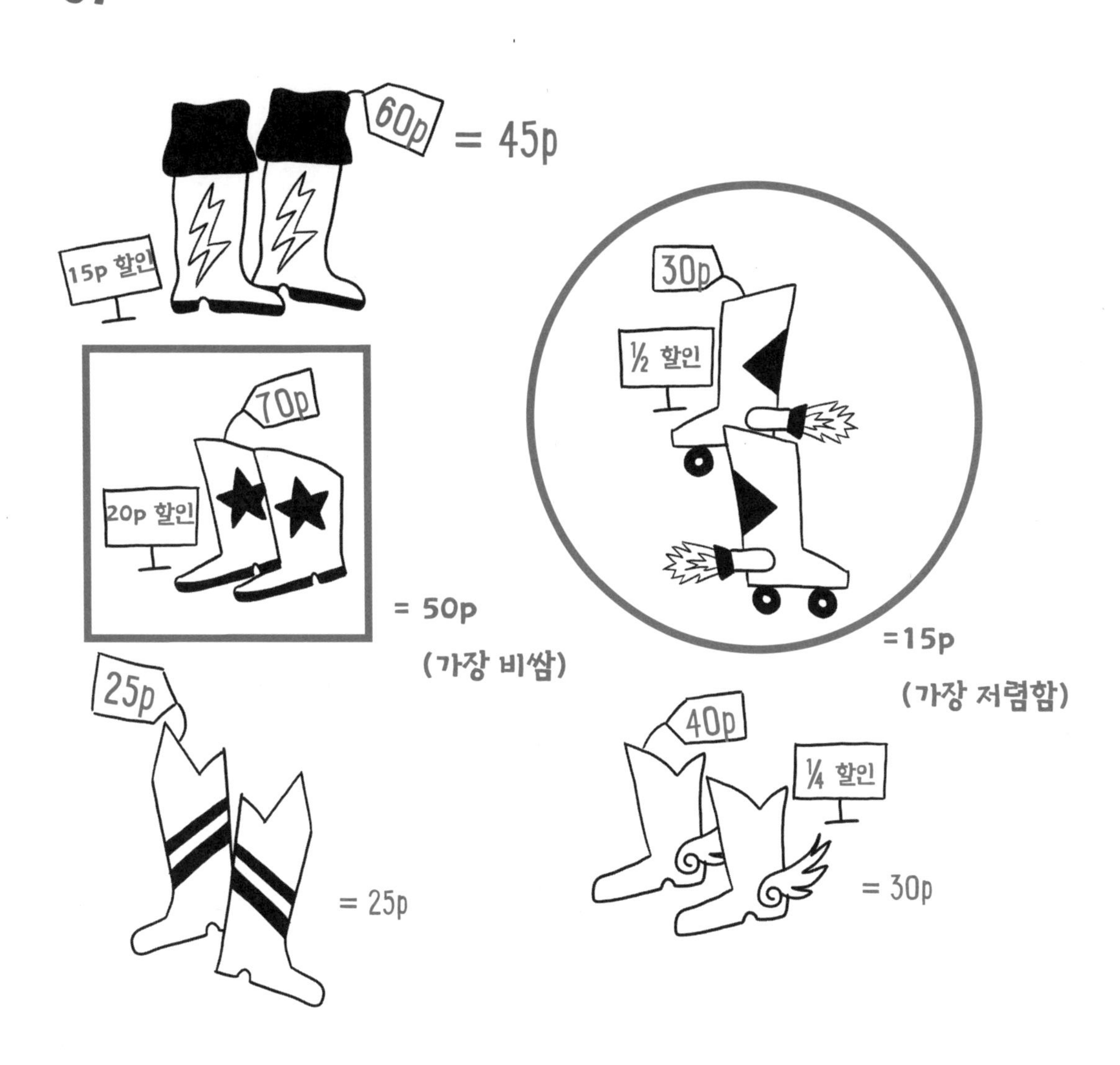
60p
= 45p
15p 할인
30p
½ 할인
70p
20p 할인
= 50p
(가장 비쌈)
=15p
(가장 저렴함)
25p
40p
¼ 할인
= 25p
= 30p

68

1) 5 6 10 12 15 18 20 24 25

(규칙은 5와 6의 배수예요.)

2) 4 7 8 12 14 16 20 21 24

(규칙은 4와 7의 배수예요.)

3) 7 9 14 18 21 27 28 35 36

(규칙은 7과 9의 배수예요.)

정답

69

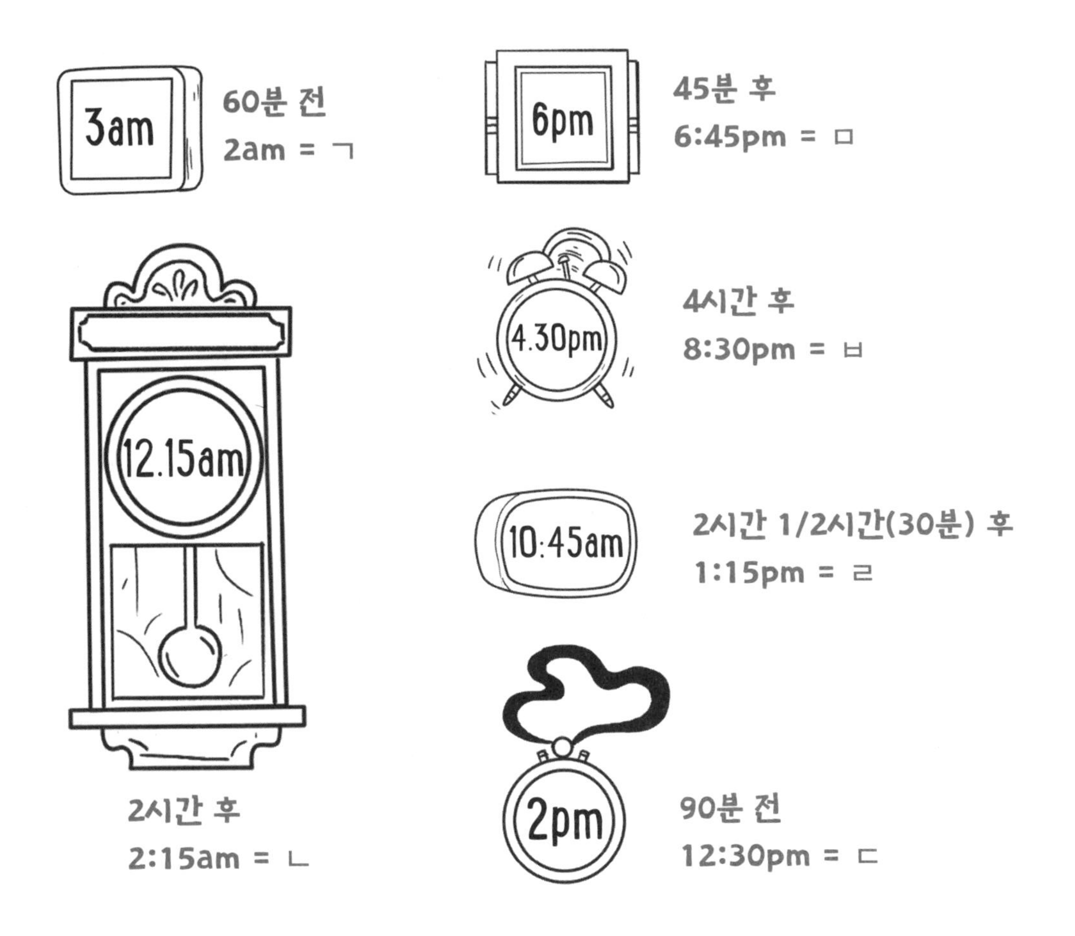
3am
60분 전
2am = ㄱ
6pm
45분 후
6:45pm = ㅁ
4.30pm
4시간 후
8:30pm = ㅂ
12.15am
10:45am
2시간 1/2시간(30분) 후
1:15pm = ㄹ
2시간 후
2:15am = ㄴ
2pm
90분 전
12:30pm = ㄷ

70

4 5 (6) 7 8 10 13

6은 원래 나열된 숫자 중에 없었어요.

71

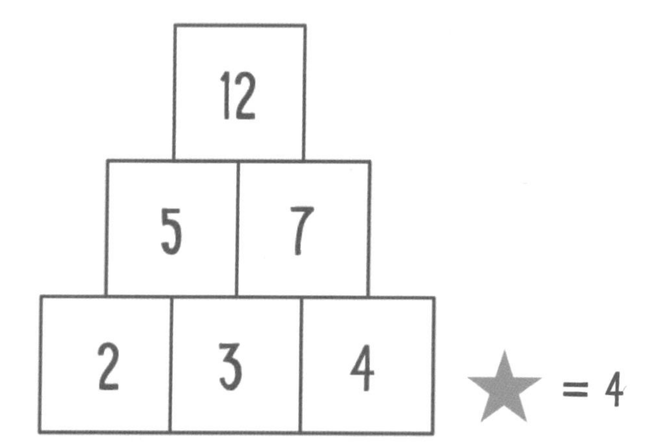

72

$6 + 10 + 2 = 18$

$3 \times 6 = 18$

$6 \times 2 + 6 = 18$

$25 - 13 + 6 = 18$

$5 \times 6 \div 2 + 3 = 18$

없어진 숫자는 6이고 모두 계산한 결과는 18이에요.

73

 = 1  = 5  = 10

74

12 8 50 5 100

75

1) 50, 2, 2, 2
2) 가장 적은 수의 지폐는 6장이에요: 50, 50, 20, 20, 2, 2
3) 잔돈 49p는 다음 지폐들을 더한 값이에요: 20, 20, 5, 2, 2

76

총 10개의 삼각형이 있어요.

77

3 x 5 = 15

19 + 13 = 32

28 - 12 = 16

7 x 4 = 28

15 + 25 = 40

4	0	5	5	1	1	8	0	2	3
2	2	3	9	1	2	1	4	3	×
=	1	1	=	=	1	1	=	=	5
4	4	9	4	5	=	1	5	3	=
×	2	×	+	2	2	1	2	1	1
7	7	1	1	1	=	+	+	+	2
+	-	-	5	5	3	=	5	9	2
5	8	=	×	4	4	=	1	1	3
2	-	3	5	2	-	+	4	2	5
1	6	1	=	2	1	-	8	2	1

78

1) 모든 숫자는 앞의 두 숫자의 합과 같아요.
2) 숫자는 12×12, 11×11, 10×10, 9×9, 8×8, 7×7, 6×6 이에요.
3) 모든 숫자는 이전 숫자에서 2를 곱한 것이에요.
4) 숫자 사이의 차이가 2, 3, 4, 5, 6, 7이에요.

79

14 17 21 (23)

23 = 8 + 15

80

5 x 3 = 15	20 - 5 = 15
9 x 10 = 90	110 - 20 = 90
5 x 7 = 35	3 x 12 = 36
4 + 24 = 28	7 x 4 = 28
19 + 19 = 38	15 + 23 = 38
15 + 23 = 38	44 - 8 = 36
6 x 6 = 36	27 + 9 = 36
90 ÷ 9 = 10	40 - 30 = 10

81

1) 21 = 10, 11
2) 32 = 8, 10, 14
3) 37 = 8, 14, 15
4) 44 = 8, 10, 11, 15

82

정답1: 6:30am - 내가 15시간 동안 깨어있었고 그 중 절반이 되는 시간 후에 점심을 먹었다면, 그건 내가 일어나고 7시간 30분 후에 점심을 먹었다는 뜻이에요. 만약 내가 오후 4시에 간식을 먹었다면 그건 내가 오후 2시에 점심을 먹은 거예요. 결국 7시간 30분 전은 6:30am이 돼요.

정답2: 금요일 - 그저께는 2일 전이지만 그 다음날은 하루 전을 뜻해요. 그러므로 목요일은 하루 전이에요.

정답3: 8pm - 런던은 뉴욕보다 5시간 빨라요.

83

총 32개의 정육면체가 있어요. 맨 위층에 3개, 두 번째 층에 4개, 세 번째 층에 9개, 맨 아래층에 16개가 있어요.

84

어울리지 않는 숫자는 64예요.

숫자 3개의 배수는 다음과 같아요.

6의 배수: 30, 48, 60

7의 배수: 28, 35, 49

9의 배수: 27, 45, 81

85

정답1: 9명이 아이스크림을 먹어요. 1/4 또는 12명 중에 3명은 아이스크림을 먹고 싶어 하지 않아요.

정답2: 과일은 24개예요. 매일 3개씩, 총 21개에 추가로 오렌지 3개예요.

86

정답1: 오렌지

정답2: 바나나

바나나 10개, 파인애플 11개, 오렌지 12개가 있어요.

87

1)	34	17	65	13	40	80
2)	35	45	15	7	51	3
3)	25	5	6	2	11	10
4)	7	56	50	61	20	37
5)	24	69	23	18	41	29

88

2	3	34	50	66	81	97
ㄹ	ㄱ	ㄴ	ㅁ	ㅂ	ㅅ	ㄷ

정답

89

1) 숫자 58이 없어요. 이전 숫자보다 3씩 작아요.

2) 숫자 9가 없어요. 이전 숫자보다 3씩 커요.

3) 숫자 33이 없어요. 이전 숫자보다 7씩 커요.

90

1) $53 = 10 \times 5 + 2 + 1$

2) $26 = 2 \times 10 + 5 + 1$

3) $21 = 2 \times 5 + 10 + 1$

91

18 + 2 = 20

35 - 25 = 10

5 x 8 =40

110 ÷ 10 = 11

96 ÷ 12 = 8

1	1	8	+	2	=	2	2	0	÷
5	3	5	-	2	5	=	1	5	2
1	1	0	÷	1	0	=	1	1	3
0	0	1	1	1	0	9	9	5	0
×	8	0	×	1	=	6	-	4	8
2	2	5	÷	2	÷	2	=	×	1
3	5	0	1	1	5	8	-	9	8
5	1	÷	2	=	×	8	2	1	5
1	6	=	1	5	×	8	=	3	5
9	8	0	2	=	2	+	8	1	1

92

1) ㅇ (8)

2) ㅂ (5)

3) ㄹ (4)

93

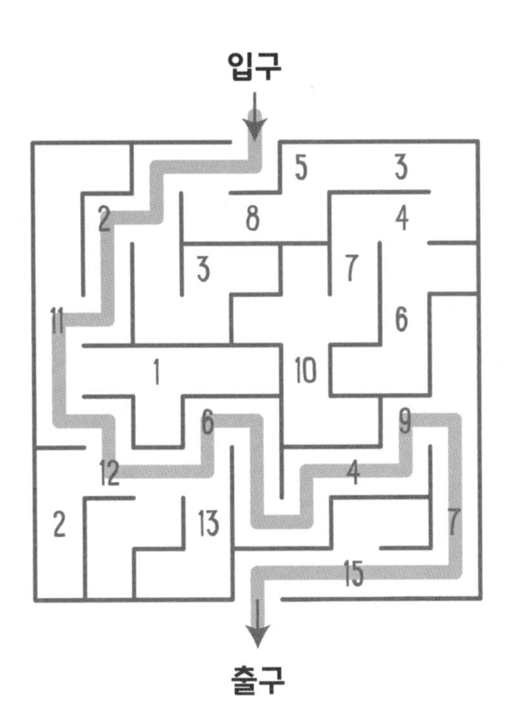

합계 : 66

94

7 × 7 = 49

5 × 7 + 14 = 49

30 + 25 + 7 - 13 = 49

8 × 7 - 7 = 49

7 × 9 - 14 = 49

없어진 숫자는 7이고, 계산 결과는 모두 49예요.

95

가장 무거운 슈퍼히어로는 쥐이고, 가장 가벼운 슈퍼히어로는 새예요.

96

97

1) $101 \times 10 = 110(11 \times 10 = 110)$

2) $13 \times 4 \times 12 = 144(3 \times 4 \times 12 = 144)$

3) $50 + 41 + 32 = 78(5 + 41 + 32 = 78)$

98

총 36개의 면이 있어요.

99

숫자는 4의 배수이고, 모양은 사각형이에요.

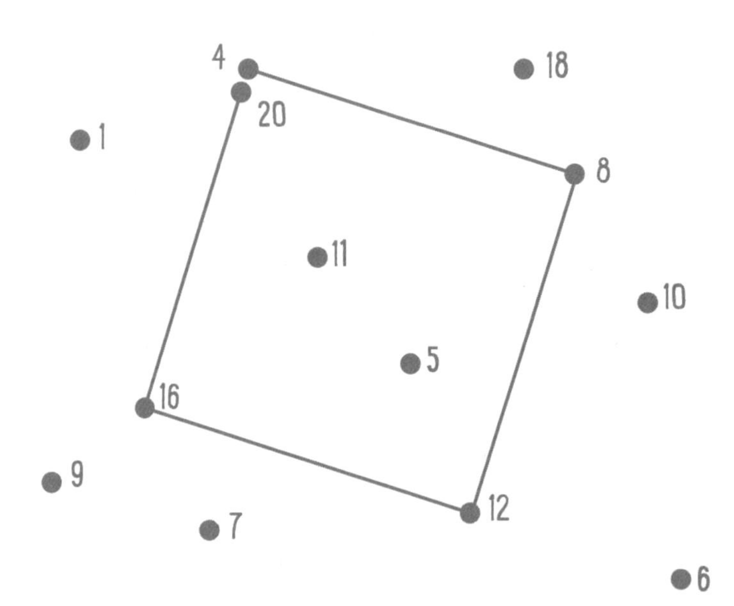

100

$3 + 5 + 2 = 10$

$4 + 2 + 4 = 10$

$4 \times 3 = 12$

$14 - 7 = 7$

$2 \times 3 \times 3 = 18$

총합 = 57

101

$7 \times 3 = 21$	$15 + 6 = 21$
$99 \div 9 = 11$	$22 - 10 = 12$
$55 + 44 = 99$	$111 - 12 = 99$
$63 + 32 = 95$	$120 - 25 = 95$
$4 + 44 = 48$	$12 \times 4 = 48$
$77 - 55 = 22$	$2 \times 11 = 22$
$36 \div 12 = 3$	$9 - 5 = 4$
$30 + 25 = 55$	$11 \times 5 = 55$

메모와
낙서

메모와 낙서

메모와 낙서

메모와 낙서

메모와 낙서

메모와 낙서

메모와 낙서

메모와 낙서

메모와 낙서